GUY BABAULT
MEMBRE CORRESPONDANT
ET VOYAGEUR DU MUSÉUM NATIONAL D'HISTOIRE NATURELLE

CHASSES
ET
RECHERCHES ZOOLOGIQUES
EN
AFRIQUE ORIENTALE ANGLAISE

1913

PARIS
LIBRAIRIE PLON
PLON-NOURRIT ET Cie, IMPRIMEURS-ÉDITEURS
8, RUE GARANCIÈRE — 6e

1917

L'AUTEUR DU LIVRE, CHEF DE LA MISSION

CH. ALBIN, SECRÉTAIRE DE LA MISSION

CHASSES

ET

RECHERCHES ZOOLOGIQUES

EN

AFRIQUE ORIENTALE ANGLAISE

1913

GUY BABAULT

MEMBRE CORRESPONDANT
ET VOYAGEUR DU MUSÉUM NATIONAL D'HISTOIRE NATURELLE

CHASSES

ET

RECHERCHES ZOOLOGIQUES

EN

AFRIQUE ORIENTALE ANGLAISE

1913

PARIS
LIBRAIRIE PLON
PLON-NOURRIT ET Cie, IMPRIMEURS-ÉDITEURS
8, RUE GARANCIÈRE — 6^e

1917

PREMIER PRÉPARATEUR : JEAN DÉPRIMOZ

CHEF TAXIDERMISTE : FRANÇOIS DÉPRIMOZ

PRÉFACE

J'ai écrit ce livre dans le but de décrire les pays que j'ai dû traverser en poursuivant la mission que m'avait confiée notre Muséum national d'Histoire naturelle, et j'ai conté les événements survenus en cours de route aussi simplement que possible.

Certes, le lecteur y chercherait en vain les aventures extraordinaires que l'on s'imagine souvent devoir se produire dans une telle expédition, mais en revanche il y trouvera, je l'espère, l'impression réelle de la vie de la brousse que j'ai retracée sincèrement et sans la dénaturer par une imagination préconçue des dangers plus ou moins fantastiques, que l'on se plaît à croire si fréquents dans ces régions sauvages.

J'ai dépeint, d'une manière brève, les différents sites traversés successivement par mon safari et je pense que les photographies qui illustrent le texte donneront suffisamment l'impression des localités habitées par les spécimens zoologiques décrits ou notés par mes distingués collègues dans la partie scientifique qui va paraître en plusieurs fascicules, sur la faune des contrées traversées pendant mon voyage.

C'est donc sans la moindre prétention que j'ai rédigé ces pages, où j'ai glissé quelques traits intéressants ou peu connus des mœurs de certains animaux et les modes de chasses nouveaux qui m'ont paru mériter d'être signalés.

Si cet ouvrage, aussi simple et aussi peu littéraire qu'il soit, parvient à rendre service aux personnes étudiant la faune de ces pays, tout en intéressant le lecteur, le but que je m'étais tracé en l'écrivant sera pleinement atteint.

Il serait largement dépassé, si, encouragés par la réalité du récit, certains d'entre eux allaient tenter la visite de ces merveilleuses régions équatoriales si accueillantes et pourtant si délaissées à cause des légendes fantaisistes qui les entourent, bien à tort, d'une auréole terrifiante de maladies et d'embûches que l'on n'y trouve heureusement que fort rarement et seulement dans des endroits presque toujours faciles à éviter. Ils en rapporteraient d'ineffaçables souvenirs, et il s'en trouverait peut-être quelques-uns qui, attirés par la beauté et la richesse de ces magnifiques pays, se décideraient par la suite à aller se fixer définitivement aux colonies, dont les nôtres, encore moins exploitées que celles de nos alliés, leur offriraient la nouveauté de leurs inestimables territoires qui manquent tant de foyers européens.

CHASSES
ET
RECHERCHES ZOOLOGIQUES
EN AFRIQUE ORIENTALE ANGLAISE

CHAPITRE PREMIER

Départ de l'expédition. — Arrivée à Mombasa. — Première entrevue avec mon excellent collègue Cuningham. — L'Uganda Railway. Par train spécial de Mombasa à Nairobi. — En longeant les réserves du Sud. — Derniers préparatifs de la caravane dans la capitale du B. E. A. — Observations sur un Colius.

Conseillé par diverses personnalités du Muséum national d'histoire naturelle, je me décidai vers la fin de l'année 1912 à aller visiter certaines régions du protectorat anglais de la côte orientale d'Afrique dont la faune n'est encore qu'imparfaitement connue.

Je me mis à cet effet en rapport, pour l'organisation de ma caravane, avec le représentant à Londres d'une agence spéciale ayant son siège à Nairobi, et le 13 décembre, accompagné de MM. Ch. Albin, secrétaire et entomologiste, J. Déprimoz, préparateur ornithologiste, et F. Déprimoz, taxidermiste expérimenté et sur l'habileté duquel je comptais beaucoup pour la préparation des spécimens rares, je m'embarquais à Marseille. Après dix-huit jours de traversée sans le moindre incident, mais coupée d'interminables escales à Naples, Port-Saïd, Suez et Aden, notre paquebot jette enfin l'ancre le 31 décembre, dans la baie de Kilindini, point terminus de notre voyage en mer. La petite saison des pluies vient de prendre fin et la nature, en ce pays de feu, semble avoir accompli son effort maximum, à en juger par la folle végétation couvrant la côte et s'étendant presque jusqu'aux roches corallifères sortant à peine de l'eau; seuls les squelettes énormes des baobabs et les hauts plumets des palmiers et des cocotiers émergent de cette flore extravagante qui semble étouffer l'île tout entière sous son manteau ininterrompu de verdure. La digue et les constructions du petit port tranchent seuls, par la blancheur de leurs murs, sur le fond sombre de ce magnifique tableau qu'égayent les nombreuses embarcations fleuries qui entourent notre navire et qui rivalisent entre elles dans leur décoration, pour attirer la clientèle des passagers désirant débarquer dans l'île.

Suivant la chaloupe du service de santé qui est la première à accoster le bord, une seconde embarcation enlevée par une vigoureuse équipe de nègres s'éloigne de la jetée et vient se ranger le long de la coupée à la suite de la première. Un homme portant avec aisance et sans ostentation la tenue classique des chasseurs d'ivoire, qui servent de guides aux grandes expéditions, monte aussitôt sur le pont et demande à me parler. A l'appel de mon nom et d'après le portrait que l'on m'en avait fait, je ne suis pas long à reconnaître, en ce visiteur simple et courtois, mon excellent collègue Cuningham, du Bristish Museum, un des fusils les plus réputés de l'Afrique, qui a bien voulu accepter la conduite de mon expédition. En quelques mots aussi modestes que prévenants, il m'annonce avec une certaine satisfaction que mon expédition est prête et qu'il vient à Mombasa pour me recevoir et emmener par la même occasion les nombreux nègres recrutés comme porteurs et nécessaires au transport de notre volumineux matériel.

« TROLLEY » ENTRE KILINDINI ET MOMBASA

NOTRE PAQUEBOT EN RADE DE KILINDINI

MOMBASA — UNE RUE

MOMBASA — « VASCO DE GAMA STREET »

Avec sa compétence habituelle, mon guide a choisi ces hommes parmi la race Swahili, qui a la meilleure réputation de toutes les tribus de cette côte du continent noir; porteurs pour safaris depuis des générations, et doués d'une endurance extraordinaire, ces indigènes se sont pour ainsi dire spécialisés dans ce métier et furent de tout temps les collaborateurs précieux des explorateurs, dont ils favorisèrent largement la pénétration dans les régions de l'intérieur.

Après un laborieux débarquement que prolongent les ennuyeuses formalités de la douane, nous prenons place dans un de ces petits wagonnets à plate-forme, spécial à ce pays et faisant le service du port de Kilindini à la ville de Mombasa. Poussés par une équipe de robustes nègres, nous parcourons ainsi en une courte demi-heure les deux kilomètres de rail séparant ces deux derniers points. Cette ligne miniature suit sur tout son parcours une large route bordée de la haute végétation aperçue de notre bateau et sous laquelle s'étouffe un mélange admirable de plantes et fleurs de toutes sortes.

Après un court séjour à l'hôtel Métropole où nous retrouvons un confort appréciable, nous nous rendons à la gare où Cuningham nous a déjà précédés pour s'occuper de la formation du train spécial qui doit nous transporter à Nairobi. Nous le rejoignons là comme il finit d'entasser dans des wagons une centaine de robustes gaillards plus heureux les uns que les autres de partir en expédition, de laquelle ils attendent un bon profit et surtout de nombreuses ripailles de viande, lors des heureux jours de chasse. Tous, suivant la coutume, ont reçu préalablement, d'un délégué de l'autorité anglaise, une partie de leur salaire avant leur embarquement; aussi, par mesure de précaution, les enferme-t-on à clef dans leurs voitures; nous-mêmes prenons place dans un compartiment confortable et spacieux et à trois heures notre train part pour Nairobi. La durée du trajet pour ce parcours est assez longue, car la contrée que traverse la ligne est très accidentée et les stations pour le ravitaillement de la locomotive en eau et bois sont aussi fort nombreuses ainsi que les arrêts pour les repas, dans les bungalows de la compagnie. Une vingtaine d'heures et même davantage sont donc nécessaires pour atteindre le but de ce voyage, où les retards sont fréquents. Nous en souffrons nous-mêmes à cause de la lenteur de nos nègres auxquels il est permis de descendre dans les stations sûres, toujours sous l'œil vigilant de Cuningham et du headman (chef indigène), qui doit se servir à plusieurs reprises de sa cravache pour ramener les récalcitrants et les retardataires à leurs wagons.

Après avoir franchi le pont Salisbury, qui relie l'île de Mombasa à la terre ferme, nous jouissons d'un coup d'œil magnifique : la voie ferrée domine alors de nombreuses petites baies ou criques corallifères formées par les échancrures de l'île et de la côte couvertes de verdure qui forme un paysage de toute beauté éclairé par un soleil éblouissant. Le train traverse ensuite une région à végétation luxuriante et essentiellement tropicale qui me rappelle un peu celle de Ceylan. Cocotiers, bananiers, palmiers, manguiers, papayers, etc., bordent la ligne s'étendant de chaque côté en véritables forêts.

Le coton est également cultivé çà et là dans la contrée, puis plus haut des cisals et des bananiers qui font ensuite place à des plantations de caoutchouc récentes, où les arbres sont encore de taille relativement faible.

Le passage d'un train étant toujours un événement pour

KIKUYU A UNE STATION DE L'UGANDA RAILWAY

CHEF KIKUYU EN GRAND COSTUME

les habitants, dès les premiers arrêts les quais des stations sont garnis d'une multitude de curieux et de marchands de fruits; ce sont des Arabes, des Somalis, Swahilis, Goanais, Hindous, etc... Tout ce mélange de gens de couleur, de races et de costumes différents, présente un grand intérêt et l'effet en est très pittoresque; à certaines stations, on a même plutôt l'impression d'être dans un paysage de l'Inde que dans un de ceux de l'Est Africain.

La nuit nous surprend dans ce pays équatorial et le lendemain, après avoir traversé le désert de Taru, nous nous retrouvons dans une région complètement différente, extrêmement giboyeuse et quelque peu semblable à celle que nous nous proposons de visiter.

Les fameuses plaines que nous traversons alors sont recouvertes de hautes herbes semées de bouquets d'arbres. Nous sommes sur la réserve de l'Ukamba, qui est limitée à l'est et au sud par la rivière Tsavo et la frontière allemande et au nord par le chemin de fer, qui la longe jusqu'à Nairobi.

Nous pouvons maintenant de notre compartiment contempler le plus merveilleux spectacle dont puisse jouir un naturaliste.

Des hardes d'antilopes, dont la taille varie de celle du lièvre à celle du cheval, détalent avec rapidité au sifflement strident de la locomotive; plus loin de mignonnes gazelles ou de nombreuses bandes de zèbres, parfois mélangées à des autruches, s'échappent au galop jusqu'au moment où elles se jugent en sûreté; ce sont ensuite des Oryx (Oryx gazella) méfiants, aux formes élégantes et aux longues cornes droites et effilées, puis enfin les étranges Gnous au galop désordonné, hauts d'épaules et bossus, à l'allure gauche tenant à la fois de celle du cheval et du bison. A un moment nous apercevons même, derrière de rares acacias épineux, les hautes silhouettes fuyantes de toute une famille de girafes. C'est le vrai paradis des animaux, un gigantesque et merveilleux parc zoologique que nous traversons pendant les longues heures qui suivent et dont nous garderons longtemps l'impression.

Malgré leur inquiétude, toutes ces belles bêtes ne s'effarouchent pourtant pas outre mesure au passage du train, auquel elles semblent être accoutumées. La chasse est en effet rigoureusement interdite dans cette région par le gouvernement de la colonie et les peines contre les délinquants sont très sévères. L'on voit que nous sommes loin des temps où l'on arrêtait le train pour faire un beau coup de fusil et on ne peut que féliciter les Anglais de cette sage mesure.

Ce n'est que vers 4 heures du soir que notre train arrive à Nairobi, situé à 5 450 pieds d'altitude, à mi-route sur le chemin de fer de l'Uganda qui va jusqu'à Port-Florence (Nyanza), à 327 milles de la côte (environ 536 kilomètres). Nous surveillons nous-mêmes le débarquement de nos nombreux colis, transbordés ensuite dans de rustiques chars attelés de vigoureux zébus qui vont les conduire à la « firm » qui s'est occupée de l'organisation de mon expédition. Puis nous sortons de la gare, où nous sommes assaillis par la foule des conducteurs de rickshaws (pousse-pousse) qui, tels leurs collègues indiens, ne nous laissent de répit que lorsque nous avons fixé notre choix sur les légers véhicules qui vont nous permettre d'atteindre la ville située à quelque distance. La route y conduisant longe premièrement la mission catholique entourée des habitations de toute la population chrétienne goanaise et indienne de la ville, au-dessus desquelles se dresse le clocher de l'église qui disparaît au milieu de gros eucalyptus. Plus loin nous abordons les premières maisons de Nairobi, dont les principales sont justement construites le long de cette

DEVANT LE NORFOLK

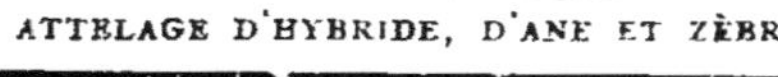

ATTELAGE D'HYBRIDE, D'ANE ET ZÈBRE

CHARIOTS INDIGÈNES

LA RUE PRINCIPALE

LA GARE

avenue qui en est la principale artère ; ce sont de beaux magasins de nouveautés, de cycles, de cordonnerie, des pharmacies luxueuses, des commerces de denrées alimentaires, de vins, de conserves, etc., où les voyageurs peuvent trouver tous les objets de première nécessité utiles aux expéditions lointaines, tandis que les colons peuvent s'y approvisionner des mille riens nécessaires au confort de leurs habitations dans la brousse.

Après avoir parcouru les trois quarts de cette avenue, nous parvenons à un carrefour où une large route la croise, se dirigeant sur la gauche à travers le quartier ouvrier et le bazar hindou, dont nous apercevons un instant les échoppes multicolores recouvertes des traditionnelles tôles ondulées qui accompagnent le moindre baraquement de ces enragés commerçants asiatiques. Du côté opposé la route descend vers le quartier Somali, dont les bouges infects, remplis de fumée, empestent l'air jusqu'ici, et dont les masures s'estompent dans un brouillard épais de poussière soulevée par le passage d'un convoi de voitures indigènes. Laissant sur la droite les bureaux importants de la Boma trading Cie, nos légères rickshaws atteignent bientôt l'hôtel Norfolk, où nous descendons.

Capitale du British East Africa, Nairobi est le centre gouvernemental et administratif de la colonie. Les départements de la guerre, de la police, de l'agriculture, etc., y sont installés, ainsi qu'un Musée d'histoire naturelle, qui, grâce aux efforts faits par mes excellents confrères Percival et Cuningham, possède déjà des collections fort intéressantes, rangées dans un ordre rigoureusement scientifique qui les met remarquablement en valeur.

Une série de cornes d'antilopes de toute beauté décore l'intérieur du bâtiment, où se trouvent déjà les départements ornithologique et mammalogique. Bientôt, je l'espère, l'entomologie aura la place qu'elle mérite dans ce petit Muséum qui ne peut manquer de progresser en rendant d'appréciables services à la jeune colonie anglaise.

L'hôtel où nous sommes descendus, malgré la renommée que lui a fait le passage d'une clientèle des plus *select,* ne rappelle en rien, si ce n'est par le prix, nos palaces européens. Aussi, autant à cause du peu de confortable des chambres que de la mauvaise cuisine, avons-nous hâte de voir les derniers préparatifs de l'expédition terminée.

Obligés malgré tout d'attendre quelques jours, je charge mon secrétaire et M. Cuningham de régler les derniers détails et je mets à profit ce retard forcé pour explorer les environs. Ayant appris qu'un colon français, du nom de Félix, réside à une heure et demie d'automobile sur la route de Fort-Hall, je décide premièrement de faire une visite à ce compatriote, un de nos rares nationaux dans la colonie.

Nous nous rendons donc à sa superbe plantation de café, où il nous reçoit de la façon la plus cordiale et m'autorise à chasser sur sa vaste propriété.

Un magnifique cours d'eau la traverse justement et y attire par conséquent une quantité d'oiseaux de toutes espèces. Nous pouvons ainsi en peu de temps nous procurer une centaine de spécimens divers intéressants. Il me recommande surtout de ne pas épargner l'ennemi de ses plantations, l'oiseau-souris, le Colius à oreilles blanches (Colius leucotis, Scheff), au plumage gris marron, à longue queue, qui s'acharne sur les plants de café et y cause d'importants dégâts. C'est un animal d'autant plus nuisible qu'il vit par groupes de quinze à vingt individus, ne se quittant pour ainsi dire jamais et s'abattant ensemble sur les caféiers dont ils se nourrissent des graines encore à l'état de pulpe et les laissent tomber sur le

FEMMES KIKUYUS A NAIROBI

MARCHÉ INDIGÈNE A NAIROBI

sol après les avoir légèrement entamées. On conçoit combien est préjudiciable au planteur le voisinage de tels destructeurs; c'est donc avec plaisir que je fais de mon mieux pour débarrasser mon nouvel ami de ces déprédateurs.

L'attitude des colius, que je surprends au posé, est celle des grimpeurs; leur bec légèrement crochu et court, la mandibule supérieure débordant l'inférieure, rappelle cependant les petites perruches dont ils se rapprochent quelque peu comme mœurs, mangeant de la même façon en portant leur nourriture au bec au moyen de leur patte, mais les ornithologistes les rangent parmi les Passereaux. Commun dans l'Est Africain anglais, on rencontre cet oiseau aussi bien sur les hauts plateaux du Rift que dans les grandes plaines du Sotik, mais cependant ils sont bien moins nombreux dans les régions où l'eau manque et où les plantations font défaut. Les jours suivants nous excursionnons aux alentours de Nairobi, visitant les contrées situées au pied du N'Gong et celles voisines des plaines de l'Athi. A courte distance de la ville, de l'autre côté de Park Land, où les plus beaux cottages de l'endroit voisinent avec des bungalows couverts de fleurs, nous découvrons un matin une minuscule forêt qui à elle seule fournit à nos collections nombre de rares spécimens ornithologiques.

NAIROBI — ÉLEVAGE DE ZÈBRES

BAZAR INDOU A NAIROBI

CHAPITRE II

Départ pour la brousse. — Par chemin de fer à Kijabe. — Notre premier camp. — Première étape dans la vallée du Kédong. — A travers les plaines de Siswa. — Chasse aux zèbres. — Les premiers rhinocéros.

Les derniers préparatifs de la caravane étant enfin terminés, nous quittons Nairobi le 6 janvier. Dès 10 heures du matin notre important safari est rangé devant le train spécial qui doit le transporter à Kijabe, station à cinq heures de chemin de fer au nord-ouest de Nairobi dans la direction de Kisumu.

L'embarquement de notre nombreux contingent noir : porteurs, Askaris préparateurs de peaux (skinners), traqueurs ou gunbearers (porteurs de fusils), boys de tentes, Saïs (palefreniers) se fait dans un ordre parfait sous l'œil vigilant de Cuningham et sous la garde des Askaris qui feront la police de cette petite armée pendant toute la durée de l'expédition.

A 11 heures et demie le train s'ébranle, traverse une partie de la ville et par une succession de courbes, arrive jusqu'au premier escarpement situé à 600 mètres au-dessus du magnifique plateau de l'Athi. La voie serpente ensuite au milieu d'une véritable forêt vierge dont les arbres robustes paraissent presque étouffés sous un fouillis inextricable de lianes et de buissons.

C'est, du reste, dans ces épaisses forêts que la compagnie du chemin de fer de l'Uganda s'approvisionne du bois devant servir de combustible pour ses locomotives.

Aussitôt après avoir dépassé la station d'Escarpment (altitude 2250 mètres), nous avons une vue magnifique sur la grande et profonde vallée du Rift qui surpasse en grandeur les plus beaux paysages de la Suisse. Puis le train s'engage, par des courbes rapides, dans une espèce d'entonnoir pour atteindre bientôt Kijabe, où mes nègres débarquent en hâte mon matériel et le transportent à 500 mètres de la station, où s'établit notre premier campement.

Pendant cette installation, nous profitons des dernières heures de la journée pour chasser dans les environs et en moins d'une heure nous rapportons des francolins pour notre dîner et de jolies espèces d'oiseaux, turacons et autres, destinés à nos collections.

Au retour de notre promenade, nous trouvons le camp installé et déjà cuisiniers et boys préparent le repas du soir. Les noirs ont également dressé leurs tentes capitonnées intérieurement par des couches de feuillage encore vert et entourent par groupes les feux allumés devant chaque tente, sur lesquels un excellent posho est en train de cuire.

Ce va-et-vient, ces feux, ces marmites fumantes, ce brouhaha dans ce coin désert, donnent l'illusion d'un véritable village nègre.

Vers 7 heures, on nous sert un bon repas, puis nous regagnons nos tentes et je donne le signal d'éteindre les feux.

Aussitôt tout s'endort et l'on n'entend bientôt plus que les pas discrets des Askaris qui veillent autour des tentes et jettent de temps en temps des brassées de branches sur les brasiers protégeant le camp.

C'est aujourd'hui, 7 janvier, que l'expédition pénètre dans la brousse où les derniers vestiges de la civilisation ne tarderont pas à disparaître. A partir de ce moment commence le vrai

SAINT-AUSTIN'S — MISSION PRÈS NAIROBI

GAZELLE DE THOMSON DANS LES ENVIRONS DE NAIROBI

safari, car nous ne pourrons plus compter que sur nous-mêmes et c'est à peine si quelques mauvaises sentes indigènes faciliteront de temps en temps à nos porteurs le chemin qu'ils auront à parcourir au cours des longues étapes vers le Massaïland.

De grand matin le mouvement bruyant des nègres nous réveille et nous sortons bientôt de nos tentes, qui vont être pliées pendant notre petit déjeuner. Du reste, tout se démonte et s'empaquette dans le camp, qui a l'aspect d'une véritable fourmilière.

Tous les colis rassemblés sur une seule ligne sont distribués aux porteurs, qui enroulent sur leur tête leur couverture rouge en sorte de turban sur lequel ils disposent leurs charges respectives pour s'assurer qu'elles y seront en parfait équilibre ; puis ils replacent leurs fardeaux à terre et attendent le signal du départ.

Au coup de sifflet du headman, et sans la moindre hésitation, les colis sont enlevés et placés sur les têtes pendant qu'un Askari précédant la colonne lui indique le chemin à suivre. Les nègres viennent ensuite en file indienne, pleins d'ardeur, en chantant des refrains de leur pays. Ainsi commence cette longue randonnée à travers une région aride où nous attendent des difficultés de toute nature, des privations, des fatigues et peut-être des dangers.

Chacun ayant enfourché sa monture, nous prenons le galop afin de prendre les devants sur la caravane, suivis des porteurs de fusils qui de temps en temps nous signaleront le gibier intéressant.

Par un sentier tortueux, raviné et rocailleux, nous descendons le dernier escarpement qui conduit, à travers un site des plus sauvages, dans l'immense vallée du Kédong. La végétation y est aussi variée qu'abondante; nous y remarquons de gigantesques cactus dont les branches épineuses se dressent vers le ciel, donnant à ces curieux végétaux l'aspect de véritables candélabres.

La marche pénible de notre safari à travers de nombreux obstacles oblige la tête du convoi à s'arrêter plusieurs fois. Nous en profitons pour chasser à travers les broussailles d'où s'envolent quantité d'oiseaux dont nous abattons de nombreux spécimens, particulièrement des rapaces, ainsi que des chats sauvages et des petites antilopes (dick-dick) que nous confions à nos porteurs, leur occasionnant un surcroît de charge qui nous engage bientôt à ne tirer à l'avenir que des animaux nous semblant très intéressants.

La température est élevée et comme nous ne sommes pas encore habitués à ce climat brûlant, la soif ne tarde pas à nous tourmenter. Vers midi nous nous arrêtons pour casser la croûte et pendant ce repas d'un quart d'heure sur le bord du sentier, nous assistons au défilé de nos porteurs qui, tout ruisselants de sueur, avancent toujours allégrement sous leurs lourdes charges.

Puis nous remontons en selle, car il nous faut encore marcher plusieurs heures avant d'atteindre l'emplacement du camp, que Cuningham a décidé d'établir à la lisière de la brousse touffue, à proximité du Kédong qui serpente à travers la vallée.

En arrivant, notre premier soin a été d'envoyer puiser de l'eau dans cette rivière jaunâtre, qui coule à une demi-heure de notre camp. Pendant que les tentes se dressent, nous préparons un thé auquel la couleur de l'eau donne une teinte mastic qui ne nous empêche pas néanmoins de le boire avec avidité.

Le camp est établi devant une grande plaine enserrée à

MES PORTEURS AVANT LEUR ÉQUIPEMENT CHEZ TARLTON

MON EXPÉDITION ATTENDANT SON EMBARQUEMENT POUR LA BROUSSE

l'horizon par de hautes montagnes. Dans le lointain on aperçoit un dernier témoin de la civilisation : une sorte de ferme où un Anglais fait des élevages d'autruches. Toutefois nous sommes entrés dans la région des grands fauves et peut-être serons-nous réveillés cette nuit par les rugissements sonores des lions rôdant autour de notre camp.

Avant le coucher du soleil et en prévision du départ matinal du lendemain, les taxidermistes se sont mis à la préparation de la chasse de la journée, pendant que les boys déballent les pièges pour les tendre avant la nuit aux abords du camp.

Délestés de leur charge, les nègres ont installé leur campement et pendant que leurs feux s'allument, la préparation de leur dîner se fait à grand renfort de cris et de rires.

En dépit du manque d'entraînement, chacun paraît être dans les meilleures conditions; seuls, deux traînards se disant malades ont été recueillis par les Askaris d'arrière-garde et ramenés au camp. L'un d'eux présentait des symptômes d'une indisposition assez bizarre que Cuningham reconnut vite et qui provenait simplement d'une espèce de plante toxique que certains indigènes emploient en guise de tabac et qui leur occasionne des troubles assez graves. Une inspection sérieuse des coolies sera faite demain à la première halte pour découvrir les noirs détenant de ce funeste produit et une récompense d'une vingtaine de coups de cravache est assurée d'avance aux possesseurs de cette plante. Quant à notre dîner, il ne le cède en rien à celui de la veille, et, réconfortés, chacun gagne sa tente avec grand plaisir.

La nuit ayant été fraîche, le repos n'en fut que meilleur, mais en vue du départ matinal, tout le monde est dehors dès la pointe du jour. J'ai été personnellement tiré de mon sommeil par le chant de nombreux francolins, qui intrigués par l'occupation de leur territoire, crient à tue-tête derrière ma tente. La présence de ce fin gibier ayant réveillé mes instincts de chasseur, je me mets de suite à leur recherche et ne tarde pas à découvrir ces peu farouches oiseaux, qui se laissent approcher assez pour que je décharge mes deux coups de fusil sur la bande, pendant que de tous côtés s'entendent les rappels des autres francolins. Ces oiseaux semblent être extrêmement communs dans cette localité et c'est bien à regret que nous ne poursuivons pas cette chasse, des plus tentantes, à cause de la longueur de l'étape qui nous oblige à hâter le départ. Le temps étant calme et délicieux, c'est un présage, dans ces régions, que la journée sera chaude; aussi poussons-nous nos hommes à partir le plus rapidement possible. Le déjeuner est vite avalé et dès 6 heures et demie la caravane se met en marche. Nos porteurs semblent en forme, car avant le départ ils ont allégrement dansé et chanté au fur et à mesure que les colis leur ont été répartis, puis chacun a pris sa place dans la colonne.

La fraîcheur du matin aidant, tous marchent d'un bon pas, qui ne se ralentira pas, je l'espère.

Laissant sur la gauche le mont Margaret, la caravane oblique vers la droite et s'avance à travers la zone constituant les derniers buissons bordant la plaine. Le safari suit un raccourci pour atteindre la plaine de Siswa, où les chariots doivent le rejoindre, mais ces lourds véhicules devront continuer leur route toute la nuit pour contourner le massif par le sud, où une vieille traque boër leur permet de passer.

Le chemin que nous suivons avec nos porteurs est en effet impraticable aux attelages. Nous marchons premièrement cinq heures sans arrêt dans une contrée tantôt plate et desséchée, tantôt légèrement accidentée et broussailleuse, cou-

CACTUS GÉANT DANS LA VALLÉE DU KÉDONG

INSTALLATION DE NOTRE PREMIER CAMP

verte dans certaines parties de mimosas rachitiques, aux épines dures et menaçantes.

A 11 heures et demie nous faisons notre première halte au beau milieu de la plaine qui s'étend à perte de vue et, n'ayant pas le moindre arbre ni buisson pour nous abriter, nous devons nous reposer sur le sol surchauffé où une herbe déjà brûlée a peine à croître. N'ayant pas même la ressource de chercher à nous garantir des rigueurs de cet implacable soleil tropical, nous nous résignons à desseller nos chevaux pour nous abriter sous leurs harnais qui nous servent d'oreillers et de parasol.

Durant cet arrêt nous apercevons au loin un nuage de poussière soulevé par un lourd chariot boer qui s'avance vers nous venant de la direction vers laquelle nous nous dirigeons. Une demi-heure plus tard cet attelage passe à côté de notre halte et son conducteur, interrogé par Cuningham au sujet de l'eau, nous informe que nous trouverons une mare à une heure de marche dans la direction qu'il nous indique.

Stimulé par cette nouvelle, notre safari se remet en marche à la recherche de la mare bienfaisante. Cuningham prend aussitôt les devants et pique un galop dans la direction indiquée, mettant en fuite des bandes de zèbres dont nous suivons de loin les évolutions. Après une fuite éperdue de quelques instants, ces derniers manifestent des mouvements d'impatience, piquant des galops de droite à gauche, s'arrêtant indécis pour observer l'arrivée de Cuningham. Puis la troupe, jugeant que le cavalier s'est assez rapproché et qu'il y a peut-être du danger à le laisser venir plus près, bat une dernière fois en retraite et disparaît en soulevant des nuages de poussière.

Après une heure de marche, nous apercevons Cuningham qui revient vers le safari et fait des signaux pour nous appeler. Il a en effet trouvé l'eau signalée; nos chevaux, par instinct, quoique encore éloignés, ont vite fait de la sentir et se rendent directement vers le trou, sans que l'on ait besoin de les y conduire. Mais quelle déception quand nous découvons la mare! Il ne reste, en effet, qu'une faible étendue d'eau au milieu d'une vase infecte, piétinée par les animaux sauvages et surchauffée par le soleil.

Voilà le breuvage promis! Nos pauvres montures s'y précipitent et les porteurs brûlants de soif viennent à leur tour s'y plonger. Nous ne pouvons cependant pas nous résoudre à nous désaltérer avec un liquide aussi répugnant et peut-être dangereux, mais à tout hasard nous faisons remplir nos bidons de cette ignoble boisson, que nous ne boirons qu'à la dernière extrémité.

La montagne n'est heureusement plus très loin et l'énergique Cuningham, poussé sans doute par un instinct acquis par ses longs séjours dans ces régions désolées, repart vers le massif de Siswa, espérant y trouver quelque autre trou où l'eau a pu échapper à l'évaporation.

Deux heures après, une poche d'eau est découverte dans les anfractuosités des rochers et le camp est installé à proximité sous de grands acacias au pied de la montagne.

L'étape a été terrible pour les porteurs. Leur entraînement manquant un peu, les traînards sont nombreux et la moitié du matériel de campement manque encore à 6 heures du soir.

Malgré la menace d'un violent orage qui s'avance dans notre direction, Cuningham repart à cheval à la recherche des hommes harassés, semés sur la route, et quelques instants plus tard, la tourmente éclate presque sur nos têtes; mais loin d'être agréable, cette trop courte douche humecte à peine la terre par trop sèche et surchauffée, d'où il ne se dégage

PLAINE DE SISWA — MARE BOURBEUSE DITE « TROU D'EAU »

DISTRIBUTION D'EAU AUX PORTEURS

que des vapeurs et des émanations d'un relent de vieux cuir grillé qui vous prend à la gorge.

Ce n'est qu'à 9 heures du soir que ce pauvre Cuningham rentre au camp avec les derniers porteurs exténués de fatigue. La journée a été rude pour tous et beaucoup de nos hommes ont la fièvre. Nous ne pouvons donc songer à continuer dès demain la longue étape qui doit nous sortir de ce pays d'enfer. Pour ces raisons, nous camperons ici quelques jours et y commencerons nos recherches ; le gros gibier est du reste très abondant dans les environs et c'est ce qui me décide d'y faire un court séjour, qui laissera reposer les hommes avant d'entreprendre les marches suivantes, qui seront certainement aussi pénibles que celle de la journée qui vient de s'écouler, l'eau manquant totalement dans la contrée.

Après une nuit de repos bien gagnée, j'entreprends avec Cuningham ma première grande sortie de chasse. Nous parcourons d'abord le fond de la plaine et, après des manœuvres fort laborieuses, nous parvenons à approcher à moins de 200 mètres un groupe de zèbres. Ce fut là notre premier gibier avec quelques gazelles de Grant (G. granti) et plusieurs hartebest (Bubatis cokei). Nous réussissons en outre à poursuivre à cheval et à capturer une jeune antilope de cette dernière espèce, que Cuningham fait transporter chez le settler dont nous avions aperçu la ferme avant-hier, le priant de conserver et d'essayer d'élever cet animal jusqu'à notre retour.

Le lendemain je pars de très bonne heure à cheval pour gravir avec Cuningham et Jean les pentes arides du grand massif de Siswa. En montant nous délogeons des reeds bucks (Cervicapra arundirum) et quantité d'oiseaux intéressants, mais comme il est possible que nous surprenions des buffles sur l'autre versant, nous nous abstenons de tirer. Arrivés près du sommet, nous quittons nos chevaux pour avancer avec précaution à travers une broussaille épaisse qui nous masque totalement la vue. Il s'agit maintenant d'atteindre une espèce de cirque formé par un ancien cratère qui, d'après Cuningham, sert de refuge à des buffles qu'il a aperçus lors d'une chasse précédente.

Bientôt le taillis dans lequel nous nous sommes engagés devient si épais qu'il faut redoubler de vigilance, de crainte de quelques charges soudaines, toujours à redouter dans les parages habités par ces bêtes au caractère agressif et hargneux. Nous traversons cependant le fourré sans la moindre alerte, mais dès que nous sommes à découvert, Cuningham, qui marche en éclaireur pour inspecter l'autre versant, nous fait signe d'approcher et nous montre deux énormes masses grises se mouvant lentement dans le fond du cratère. Ce sont des rhinocéros.

Nous rentrons aussitôt dans les buissons afin de les approcher à bonne portée sans qu'ils puissent nous voir, mais lorsque nous arrivons près de l'emplacement où nous avions découvert ces pachydermes, nous ne retrouvons plus que les traces de notre gibier, qui a disparu.

Cet échec et l'impossibilité de retrouver ces animaux, qui nous ont certainement éventés, nous décident à tirer quelques antilopes, nombreuses à cet endroit. Les gazelles de Robert (G. granti robertsi) sont surtout abondantes et superbes. Nous en tirons donc plusieurs spécimens, puis reprenons la direction du camp. Peu de temps après, un des porteurs de fusils retrouve sur le chemin des traces fraîches de rhinocéros, que nous tentons de retrouver aussitôt, redoublant cette fois de précaution, en avançant lentement à travers les épais buissons où serpentent les pistes, mais la végétation devient si serrée que le traqueur qui nous précède a une peine inouïe à se frayer un passage; le terrain devient même si broussailleux qu'il manque de se faire éventrer par un des rhinocéros qu'il n'avait pas vu. La bête fonce heureusement droit devant elle, brisant tout ce qui se trouve sur son passage, et disparaît si rapidement dans les fourrés qu'il nous est impossible de l'apercevoir et de la tirer. La broussaille étant devenue impraticable et par trop dangereuse, nous abandonnons cette chasse, que nos pisteurs ne tiennent d'ailleurs pas à poursuivre plus longtemps, ni plus loin.

Nous nous rabattons donc sur le petit *gibier* qui sur le chemin du retour nous procure d'intéressants spécimens, dont un petit animal assez curieux qui vit ici en grand nombre, l'hyrax, petit mammifère qui n'habite que dans les endroits rocailleux. Très craintif de sa nature, il disparaît au moindre bruit à travers les rochers pour regagner précipitamment sa retraite. Le chasseur n'a alors qu'à se poster à l'entrée du trou et, peu de temps après, la curieuse bête ne tarde pas à se montrer à travers les fentes des rochers, puis, s'enhardissant, passe sa tête pour inspecter les alentours avant de se décider à sortir, ce qu'elle ne fait que lorsque tout bruit a cessé et qu'elle suppose que tout danger a disparu.

Nous pûmes ce jour-là prendre plusieurs de ces spécimens au piège, mais bien que n'étant que légèrement blessés, ils refusèrent de prendre la moindre nourriture et on ne put les garder vivants que quelques jours.

Plus tard, à Jinja, sur les bords du Nyanza, un docteur nous en montra un qu'il tenait en captivité depuis assez longtemps en le nourrissant de riz cuit, de pain trempé dans le lait et d'un peu de viande crue. L'animal était devenu très familier; malheureusement l'expérience nous manquait et ce fut la cause de notre insuccès.

Le piégeage autour du camp de Siswa donna du reste de bons résultats à tous les points de vue. De grandes quantités de rongeurs et d'insectivores appartenant à plusieurs espèces y furent capturés, notamment un assez curieux animal (Macrocelidé) rappelant notre musaraigne, mais de plus grande taille et dont le museau se prolonge en une véritable trompe.

Ces animaux sortent de leur trou pour se mettre en chasse aux heures chaudes de la journée et on les voit courir après les insectes, sautant avec agilité, puis écoutant et observant à nouveau le passage d'une nouvelle bestiole qu'ils attrapent avec dextérité, parfois en plein vol.

Les pièges nous procurèrent en outre un joli petit carnivore de la famille des Mustélidés, le Zorille (Zorilla variegata). Son pelage, de toute beauté, est épais, d'un noir brillant marqué de lignes blanches longitudinales sur le dos. Notre captif bouda pendant plusieurs jours, probablement à cause de la blessure qu'il avait reçue du piège, mais on lui donna tous les jours une nourriture si bien appropriée à ses goûts, qu'il ne tarda pas à manger et à devenir très familier. J'espérais bien alors pouvoir le conserver et le rapporter vivant pour le Muséum, tant il paraissait bien portant et bien accoutumé à sa captivité, mais il mourut vers la fin de l'expédition.

UN ZÈBRE

DÉPEÇAGE D'UN ZÈBRE

CHAPITRE III

Vers le Sotik par « le pays de la soif ». — Marche de nuit, contact avec les tribus Massaïs. — Sur les bords de l'Onjoro O'Nyoro. — Nous bivouaquons sous un arbre. — Dans la nuit le lion se fait entendre. — Passage difficile d'un cours d'eau. — Campement sur les bords de la « Rivière Noire ».

Tout le monde paraissant bien remis et apte à entreprendre la longue et pénible étape qui, à travers un véritable désert où l'eau manque totalement, va nous permettre d'atteindre les premiers contreforts des monts de Mau, le safari, que précèdent les lourds chariots partis en avant, se met en route vers la fin de l'après-midi à travers l'immense plaine, à l'extrémité de laquelle nous pénétrons dans une région rocailleuse et couverte de grands buissons d'où se dégagent des senteurs sauvages.

Chemin faisant, Cuningham nous indique tout au bord de la route une petite enceinte naturelle faite de rocailles et garnie d'une maigre végétation qui tranche sur les environs encore plus brûlés. C'est là que le Président Roosevelt passa la nuit lors de son expédition au Sotik. Le crépuscule nous surprend à quelques milles de cet endroit au moment où nous atteignons un immense plateau qui n'est que la continuation de ce désert, que l'expédition américaine nomma avec juste raison « le pays de la soif ». Nous rattrapons à ce moment les chariots du safari qui s'enfoncent à chaque instant, formant de profondes ornières, et n'avancent qu'avec peine malgré les cris des conducteurs boers et les formidables et habiles coups de fouet que ces derniers prodiguent à leurs attelages. Le passage de ces lourds véhicules met en émoi les nombreux troupeaux d'antilopes descendus en plaine à la faveur de la nuit qui retentit de cette sorte d'aboiement des zèbres inquiets et du bruit de leurs chevauchées éperdues. Cuningham nous explique que ces malheureuses bêtes, dans la crainte d'une attaque de leurs ennemis les fauves, s'éloignent pendant la nuit des fourrés et rocailles et se tiennent au milieu des grands espaces libres et découverts, où elles peuvent, le cas échéant, éviter, par une fuite rapide, l'attaque du lion, leur principal destructeur.

La lune, qui facilitait notre marche jusqu'ici, disparaît alors derrière une ligne de collines lointaines, et c'est dans une profonde obscurité que nous continuons à avancer. Afin d'empêcher toute attaque des fauves contre nos chevaux, nous allumons des lanternes et conduisons par moment nos montures par la bride. La nuit noire a rendu tout le monde silencieux et notre groupe de tête, composé de nos porteurs de fusils et de nos Saïs, avance rapidement en raison de la fraîcheur délicieuse de la soirée, laissant derrière lui le reste du safari dont on aperçoit le feu des lanternes dans le lointain.

Bientôt de nouvelles lumières indiquent l'approche d'un village Massaï ou « Maniate » entouré de feux qui protègent le bétail contre les fauves.

Nous arrivons quelque temps après à l'extrémité du plateau et descendons une pente assez rapide à travers une végétation rare au début, mais qui, devenant plus dense au fur et à mesure que nous avançons, nous fait supposer un moment que nos guides se sont trompés et ont quitté la route. Plutôt que de courir le risque de nous égarer, nous faisons alors halte pour attendre la colonne des porteurs restés en arrière.

Le même calme règne tout autour de nous et l'on n'entend aucun bruit, aucun cri, quoique ces endroits doivent recéler de nombreux fauves en raison de la grande affluence de gibier aperçu en plaine. Nos nègres font du reste bonne surveillance et sont aux écoutes. Ce qui les inquiète surtout, et dont ils paraissent avoir une terreur excessive, ce sont les rhinocéros.

Kongoni, mon premier gunbearer, qui est un des meilleurs traqueurs, a une grande expérience de ces pays. Il nous explique, pendant cette marche de nuit, avec le peu d'anglais qu'il connaît, le danger que présenterait le voisinage d'un de ces monstres, dont il serait fort difficile d'éviter la charge dans la nuit. Ces avertissements ne sont pas pour nous rassurer et nous redoublons de vigilance, nos carabines chargées et attentifs au moindre bruit, pour protéger la caravane qui maintenant nous a rejoints. Nos boys de tentes ayant à leur tête le plus intelligent de tout le contingent noir, mon fidèle Ali, viennent d'arriver. Ali, métis de nègre et d'Arabe, qui parle assez bien l'anglais, nous invite à le suivre, connaissant fort bien tous ces parages pour les avoir déjà parcourus en safari.

Sous la conduite de notre nouveau guide, nous nous remettons en marche et vers 2 heures du matin, heure convenue pour l'arrêt, nous choisissons un emplacement à découvert et préparons le camp volant où tout le safari prendra quelque repos jusqu'au petit jour.

Tout le monde se met en devoir de chercher du bois et on allume de grands feux aux quatre coins de l'emplacement choisi pour bivouaquer. Le manque d'eau prive malheureusement les noirs de leur posho et les pauvres gens harassés doivent se contenter d'allumer leur feu et de s'enrouler bien vite dans leur couverture.

4

Quant à nous, depuis dix heures que nous n'avons rien absorbé, nos estomacs sonnent le creux; heureusement le débrouillard Ali nous réconforte de quelques tranches de gigot d'hartebeest froid arrosé d'une tasse de thé, qu'il a eu la prudence d'emporter avec lui.

Comme il fait une température délicieuse et qu'il n'y a pas un seul moustique, nous nous enroulons à notre tour dans nos couvertures, la tête sur notre selle, et prenons ainsi à la belle étoile un repos qui, bien que peu confortable, n'en est pas moins hygiénique. A la pointe du jour, branle-bas général; n'ayant pas de tentes à démonter, tout est vite prêt et la marche recommence afin d'atteindre avant la chaleur la rivière tant désirée, l'Onjoro O'Nyoro. Il y a bien, à trois heures de marche, 90 chances sur 100 de trouver de l'eau, mais la mare dont il s'agit est dans une direction plus au nord-ouest de la route que nous suivons et, malgré les privations de la veille, les porteurs eux-mêmes préfèrent aux aléas de trouver une eau plus ou moins propre (en raison des Massaïs et de leurs troupeaux qui sont dans la région) aller directement en premier à la rivière. Certains, connaissant un peu la contrée, savent en effet qu'ils trouveront après ce nouvel effort la récompense des privations endurées.

Le paysage a pris dès les premiers milles un aspect des plus pittoresques et notre sentier zigzague entre une succession de petites collines coupées par des vallonnets assez boisés. Nos coolies trouvent ainsi sur leur route un peu d'ombre, ce qui les aide à accomplir plus facilement l'étape. Nous sommes en plein pays Massaï; on peut du reste s'en apercevoir par le nombre fantastique de mouches qui nous assaillent à chaque instant. En effet, ces agaçants diptères pullulent dans toute l'immense contrée occupée par ces peuplades pastorales.

BIVOUAC DANS LA BROUSSE

MON SAFARI EN MARCHE VERS L'ONJORO O'NYORO

Tout le monde en est littéralement couvert et nous avons beau essayer de les chasser en agitant des branches de feuillage autour de nous, elles ne s'éloignent que pour revenir aussitôt en plus grand nombre.

Mais parlons un peu de ces peuplades Massaïs qui habitent ces régions et que nous avons rencontrées ce matin pour la première fois. C'était sur le flanc d'une colline, un premier groupe de femmes s'avançait conduisant des petits ânes et des zébus chargés de tout un matériel hétéroclite, notamment de grandes calebasses ornées de coquillages dans lesquelles ces gens renferment le lait de leur bétail, qui venait ensuite poussé par les hommes. Tous ces individus étaient vêtus d'un simple morceau de peau recouvrant une épaule et tombant assez bas sur le côté et le devant du corps, qui ordinairement est d'une saleté repoussante et dégage une odeur fort désagréable. Quoique couverts de mouches, ces indigènes n'en semblaient aucunement gênés et ne les chassaient que quand ces insectes se posaient en paquet trop compact autour de leurs yeux ou aux commissures de leurs lèvres. Les femmes et les enfants surtout paraissaient plus particulièrement visés par ces diptères sans que nous puissions en deviner le motif.

La coquetterie ne perdant jamais ses droits, les dames Massaïs se garnissent de ferrailles bien astiquées. Leur cou est enserré dans une série d'anneaux superposés, de dimensions différentes et formant une collerette leur couvrant presque entièrement les épaules et le haut des bras. Leurs mollets sont également recouverts en partie de cette même ferraille et à leurs oreilles pendent encore des plaques de métal circulaires formées d'anneaux emboîtés et soudés les uns aux autres, soutenus de chaque côté par une lanière qui passe sur leur tête complètement rasée.

Contrairement aux Kikuyous qui ont, eux, à leurs oreilles des objets cylindriques qui leur dilatent le lobe au point d'y faire tenir un pot à confiture ou une forte boîte de conserve, les Massaïs les respectent davantage, et n'y portent que les ornements dont je viens de parler.

Tout cet attirail d'acier étincelant au soleil leur donne un aspect viril qui est bien la caractéristique de la race Massaï.

Ces peuplades sont en effet très belliqueuses et les hommes sont toujours armés d'une lance, d'un bouclier ovale en peau de buffle et d'une espèce de petite massue fixée au bout d'une tige de bois assez courte.

Cette nation, qui passe pour être une des plus riches de l'Afrique, possède de grandes quantités de bétail réparties entre chaque tribu et mène une vie essentiellement nomade. Les habitations de chaque groupe d'indigènes consistent en une réunion de huttes faites de branchages et recouvertes de boue qu'ils espacent les unes des autres de façon à former un grand cercle au milieu duquel ils mettent leurs animaux. L'espace vide entre chaque hutte est ensuite garni de branches d'acacia aux fortes épines, ce qui complète la protection du bétail contre l'attaque nocturne des fauves.

Dès qu'une cause quelconque vient troubler leur quiétude, soit que l'eau ou l'herbe viennent à manquer aux environs de la « maniate », soit qu'une maladie contagieuse se déclare parmi le troupeau, les Massaïs quittent leur refuge et vont s'établir plus loin. Ils abandonnent en même temps leurs bêtes malades et fuient avec le bétail valide, après une courte cérémonie au cours de laquelle le chef conjure les esprits à l'aide d'une sorte de trompe faite d'une corne de kudu, enveloppée de peau de lion.

Pour ces raisons, il n'est pas rare de rencontrer des

UN FÉTICHE MASSAÏ — CORNE DE KUDU RECOUVERTE DE PEAU DE LION

maniates, complètement désertées, autour desquelles de vieilles carcasses en putréfaction ou des squelettes d'animaux indiquent bien la cause de l'abandon. Elles donnent alors asile à des nuées de marabouts et rapaces de toutes sortes qui se chargent du nettoyage des lieux.

Les Massaïs ne connaissent pas la culture ; ils augmentent leurs troupeaux par des rapts faits aux tribus riveraines et n'élèvent du bétail que pour leurs besoins personnels. Très superstitieux, ils trouvent une excuse à leurs méfaits par une de leurs vieilles légendes, d'après laquelle ils prétendent que tout le bétail du monde leur appartenait autrefois et qu'ils ne font que reprendre le bien qu'on leur avait ravi.

Entourés d'autres peuplades belliqueuses avec lesquelles ils sont souvent en lutte à la suite de vols, les Massaïs comptent toujours sur leur éloignement pour se croire assurés de l'impunité, mais dès que le gouvernement britannique apprend que quelque chose de grave s'est passé, il envoie une centaine de soldats du Kings'African rifles sous le commandement d'un ou deux officiers anglais. Cette petite force se rend dans la région où elle doit sévir et y campe un certain temps.

Mais comme l'application des lois en usage dans la colonie serait très difficile, les officiers ont pour mission de rechercher les tribus coupables et de les condamner, selon l'importance du délit, à céder au gouvernement, à titre d'amende, une certaine quantité de têtes de bétail qui devront être livrées au camp militaire dans un délai limité, sous peine d'y être contraintes par la force. C'est la punition la plus dure et la plus efficace que l'on puisse infliger à ces indigènes, car, quoique très braves, la présence des mitrailleuses terrorise ces sauvages, qui s'exécutent bon gré mal gré. Le bétail saisi est ensuite dirigé par les soins des délégués Massaïs, et sous la conduite d'Askaris armés, jusqu'à la ferme que le gouvernement de la colonie possède à Nairobi.

La nourriture de ces sauvages belliqueux est composée uniquement de lait qu'ils mélangent soit à de l'urine ou à du sang de leur bétail obtenu par des saignées. Par ce fait, le manque d'eau, si ce n'est pour leurs bêtes, ne les gêne guère. Quand ils tuent parfois, la viande n'est consommée que par certains d'entre eux selon l'âge, mais ils ne chassent jamais le gibier pour s'en nourrir et, si quelques jeunes gens sont surpris par les anciens à faire un petit festin d'un gibier abattu en cachette, une peine sévère ne manque jamais de leur être infligée, obligeant les délinquants à ne rentrer à la maniate qu'après un jeûne plus ou moins long.

La seule poursuite pour laquelle ils se passionnent est celle du lion, qu'ils attaquent à la lance et à pied, se fiant à cette arme qu'ils manient avec une dextérité et une adresse surprenantes. Seuls les jeunes gens n'ayant pas encore contracté d'union légitime autorisée par un chef de la tribu, ou le plus ancien de la maniate, portent cette arme et pratiquent cette chasse qui leur donne l'occasion de récolter des lauriers, qui faciliteront leur mariage futur.

On les rencontre souvent par groupe de cinq à six, parcourant de longues distances dans ces immenses plaines, poursuivant toujours les bêtes nuisibles à leurs troupeaux.

Voici la manière courageuse dont ils abattent leur principal ennemi, le lion : lorsque les méfaits d'un de ces animaux en a décidé l'attaque, et qu'une patrouille de ces sauvages en a signalé la retraite, le gros des guerriers, rassemblés préalablement, se met en chasse et cerne l'endroit où le lion s'est réfugié pour laisser passer les heures

TROUPEAU MASSAÏ

les plus chaudes de la journée. Les Massaïs resserrent ensuite le cercle qu'ils ont établi autour du repaire du fauve, qui bientôt, sentant le danger qui le menace, se décide à attaquer le point lui semblant le plus faible dans le rang de ses ennemis. Boucliers tendus et leurs lances pointées, les guerriers menacés forment bloc pour soutenir le choc, tandis que, de chaque côté, leurs camarades se tiennent prêts à agir. Le lion, malgré cela, bondit et terrasse souvent un ou deux de ses adversaires, mais les sagaies des autres combattants, lancées avec l'adresse qui caractérise ces indigènes, ont vite fait de briser son élan et de l'atteindre de nombreuses blessures qui le rendent désormais impuissant à de nouvelles attaques et facilitent l'achèvement rapide du fauve.

Ces peuplades sont braves, fières, mais pas hostiles aux étrangers; s'ils aperçoivent des chasseurs dans la plaine, les Massaïs se dérangent même de très loin pour venir auprès d'eux. Après avoir planté leur lance en terre d'un geste énergique à quelques mètres des chasseurs, ils s'avancent vers eux la main tendue en prononçant un grand « Soba » (bonjour). Puis, dès que leur curiosité est satisfaite ou qu'ils ont donné certains renseignements qu'ils savent intéresser le chasseur sur quelque gibier important qu'ils ont rencontré, ils prennent congé du groupe en formulant un nouveau « Soba ».

On remarque parmi eux de merveilleux athlètes, mais tous en général sont gracieux de forme et leur port est altier et naturel.

Les hommes semblent prendre un soin particulier de leurs cheveux, avec lesquels ils enroulent de petites pendeloques faites des déchets de laine de leurs moutons qu'ils mélangent et entortillent avec de la terre et de la graisse. Leurs cheveux sont soigneusement tressés et bien alignés, à tel point qu'on pourrait croire qu'ils portent une véritable perruque. Ils s'enduisent également tout le corps de ce singulier mélange qui, je crois l'avoir dit, a une odeur détestable.

Par leurs traits, les Massaïs se distinguent des nègres et paraissent, comme leurs voisins du nord-est, avoir reçu une forte proportion de sang éthiopique. Cette race, qui tient à la fois de l'Arabe et de l'Abyssin, peuple la partie de l'Est africain, anglais et allemand comprise entre la côte Swahili et le Victoria Nyanza.

Revenons maintenant à notre étape. Vers midi nous faisons un arrêt de trois quarts d'heure, abrités du soleil par quelques mimosas effeuillés. Les chevaux sont dessellés, et pendant ce court arrêt nous essayons de tromper leur appétit en leur faisant brouter les quelques brins de chiendent à demi grillé qui poussent par endroits, pendant que les indigènes qui nous suivent et que la soif dévore essayent d'humecter leur bouche sèche en mâchant l'écorce intérieure de certains mimosas.

Au moment où nous nous remettons en route, la chaleur est encore plus intense et il nous reste environ quatre heures de marche avant d'atteindre l'Onjoro O'Nyoro.

Vers 2 heures, nous traversons un plateau où des Massaïs ont installé leur maniate; c'est la première que nous rencontrons; aussi, poussé par la curiosité, je m'approche des huttes, mais je dois presque aussitôt battre en retraite, tant à cause de la puanteur qui s'en dégage que par l'affluence des mouches dont je suis assailli.

Des femmes et des enfants sortent de ces immondes habitations et se portent sur notre passage, mais mon appareil

FEMMES MASSAÏS

GUERRIERS MASSAÏS

photographique immédiatement braqué vers les groupes a pour effet de les mettre tous en fuite.

Un peu plus tard, de gros nuages noirs s'élèvent à l'horizon nous annonçant la formation d'un violent orage. Le ciel s'obscurcit rapidement tout autour de nous et quoique menacés par une terrible ondée, la disparition du soleil pour quelques instants est accueillie avec grand plaisir; heureusement une brise assez forte pousse l'orage sur notre gauche où il éclate assez loin de nous, ce qui fait que nous n'en recevons que la queue. Ce petit arrosage nous donne un nouvel entrain, mais les passages sont si mauvais et nos chevaux paraissent si fatigués que nous faisons une autre halte vers 3 heures et demie dans le fond d'une petite vallée où est arrêté tout un groupe de porteurs, qui ont découvert là, dans un torrent desséché, un restant d'eau que ces malheureux, qui n'ont rien absorbé depuis trente heures, utilisent pour mouiller leur farine et faire cuire un peu de posho. Beaucoup ont préféré faire le sacrifice jusqu'au bout, continuant leur marche vers la fraîche rivière, qui n'est plus éloignée que de trois quarts d'heure ou une heure de marche.

Après avoir gravi encore quelques coteaux et traversé plusieurs ravins, nous atteignons le haut d'une colline dominant une petite vallée. De là, les porteurs de fusils nous font remarquer une partie du safari arrêtée à l'endroit où doit s'établir le camp.

Nous dévalons rapidement la dernière pente à travers des chemins ravinés, défoncés, encombrés de rocailles et de taillis desséchés et arrivons enfin vers 5 heures et demie au cours d'eau tant désiré.

C'est un agréable petit torrent qui descend du massif de Mau d'où il coule vers le sud-est, serpentant à travers des roches au milieu d'une puissante végétation. On sent que la vie végétale et animale règne sur ses bords. Les plantes et arbustes sont très verts et pleins de vigueur; de-ci, de-là, quelques fleurs surgissent de la verdure et on y entend le chant de nombreux oiseaux venant se désaltérer avant le coucher du soleil... Les nègres eux-mêmes n'en quittent plus les bords, buvant, s'aspergeant, se lavant, en un mot ils ne peuvent plus s'éloigner du torrent. L'eau en effet y est courante et relativement claire, et on serait tenté de s'y abreuver gloutonnement à plat ventre sans la crainte des microbes malfaisants. Nous nous contentons donc simplement de nous en rafraîchir légèrement les poignets et les tempes en attendant un bain hygiénique que nos boys, arrivés avant nous, ont préparé, faute de tente, derrière des buissons, et d'un excellent thé, qui va finir de nous réconforter.

Le voisinage de l'eau a vite fait oublier les misères de ces dernières étapes et a rendu la gaieté à tout le monde.

Le matériel de campement ne devant arriver que le lendemain avec les chariots, les lits de camp sont placés dans un énorme buisson et c'est là que nous passons la nuit, tout comme les fauves. C'est dans cet endroit que nous entendons pour la première fois la voix du seigneur de la brousse. Nous allions gagner nos lits lorsque Cuningham nous prie tout à coup de prêter l'oreille. Au loin, en effet, retentit le rugissement prolongé du lion qui chasse. Ce n'est pas le vulgaire grondement de tonnerre auquel le comparent les livres d'aventures, ou le grognement féroce et nerveux du lion que l'on excite à grand'peine dans les ménageries foraines, mais il y a dans cette voix, qui se répercute en écho, un son majestueux de liberté, quelque chose de noble, de puissant, qui est émouvant et que l'on se plaît à écouter.

La nuit fut assez agréable sous le couvert du buisson, mais on ne fit pas la grasse matinée. De bonne heure, dès le lever du soleil, nous entreprenons une petite chasse aux environs du camp pour l'alimenter d'abord d'un peu de viande fraîche. Le petit gibier étant très abondant à cause de la proximité de l'eau, les lièvres et les francolins se trouvent partout. Les oiseaux surtout sont très nombreux et très variés; la collection ornithologique augmente donc considérablement depuis que notre campement est sur les bords de cette rivière.

Les petits fauves y sont certainement en abondance au milieu des fourrés épais qui environnent le cours d'eau, car nos pièges ne restent pas inactifs; des civettes, des chacals et chats sauvages y sont capturés. Les grands carnassiers cependant paraissent y être assez rares, quoique nos hommes aient pourtant aperçu un léopard dont on me signala la présence entre des rochers, malheureusement trop tard pour que je puisse le tirer.

Vers 9 heures du matin, un des hommes du convoi des chariots arrive au camp porteur d'un billet, nous informant que, surpris hier soir par un violent orage, deux des véhicules s'étaient embourbés à trois heures environ du camp. Cuningham enfourche aussitôt son cheval et part avec une forte équipe de nègres au secours des chariots, qui doivent être déchargés pour qu'on puisse les désembourber; ce travail fut du reste laborieux, car Cuningham et les porteurs ne rentrèrent au camp qu'à 9 heures du soir, rapportant le matériel strictement nécessaire pour notre campement, ainsi que quelques provisions.

Il s'ensuivit que les chariots ne purent arriver que le lendemain, car, en raison de l'état effroyable de la route, leur marche fut très lente et très pénible.

Après deux nuits passées à la belle étoile, l'arrivée des tentes nous procura quelque satisfaction, d'autant plus que le temps devenait menaçant et que nous craignions un déluge pour la nuit. Heureusement, à l'encontre de nos prévisions, nous constatons avec plaisir que le temps se remet au beau; cette constatation nous est d'autant plus agréable que nous sommes obligés de passer encore cette journée sur les bords de l'Onjoro O'Nyoro, en attendant les chariots pour nous approvisionner en vivres en vue de nos prochaines et longues étapes.

Partis dès l'aube en reconnaissance à la recherche de quelque gros gibier, nous relevons bientôt les foulées fraîches d'un lion. Les empreintes indiquent un fauve de belle taille, mais nous savons qu'il est insensé de suivre cette piste, car le lion chasse souvent sur de grands espaces et loin de son gîte habituel, qu'il change d'ailleurs facilement lorsqu'il poursuit une proie. Ces traces sont, à n'en pas douter, celle du fauve entendu l'avant-veille au soir, car les rugissements venaient bien de cette direction.

La tournée du matin n'amène aucune découverte importante et, comme nous approchons du camp, un bruit formidable, ressemblant à celui d'une avalanche, attire notre attention. Cependant nous sommes bientôt rassurés en entendant les cris des Boers conduisant le convoi. Ce sont leurs lourds véhicules, dévalant sur le sol défoncé encombré de rocailles, qui font ce vacarme assourdissant, répercuté par les échos : on croirait vraiment que d'énormes rochers roulent dans les ravins. Nous nous approchons pour les voir descendre ces dangereuses pentes et au moment où nous arrivons, nous voyons un des chariots en plein milieu du torrent.

Malgré leurs puissants attelages, la sortie de cet endroit critique est des plus laborieuses. Les bœufs harassés, roués de coups, se secouent et se tournent parfois en sens inverse de la route; quelques-uns parviennent même à se défaire de

PASSAGE DE L'ONJORO O'NYORO

CAMPEMENT DE MES INDIGÈNES

leurs jougs. Dans de pareils cas, ces bêtes indisciplinées deviennent terribles et il faut vraiment des gens compétents et énergiques comme les Boers pour arriver à en tirer parti.

Quelle vie mènent ces hommes! En route par tous les temps, aux prises avec toutes sortes de difficultés, exposés à mille dangers, ne prenant qu'une grossière nourriture et un repos très relatif dans leurs fourgons chargés de marchandises! Nos conducteurs sont de jeunes Boers de 20 à 25 ans, brûlés par le soleil, d'une ardeur et d'une résistance à toute épreuve. En les voyant à l'œuvre on comprend toute la peine qu'ont éprouvée les Anglais pour réduire de tels hommes. Toute la vie boër, me dit Cuningham, est ainsi faite; ce ne sont pas des hommes, mais de véritables fauves. Très rudes, têtus et peu faciles à commander, il faut, quand on les emploie, faire à peu près ce qu'ils veulent.

Cuningham m'apprend qu'ils sont cette fois dans une fureur extrême, car en traversant les premières régions Massaïs, une dizaine de leurs bœufs semblent avoir contracté la peste bovine. Ils seront donc obligés de s'arrêter jusqu'à 3 ou 4 heures pour inoculer les bêtes malades afin d'enrayer ce commencement d'épidémie, sinon tous les bœufs du convoi y passeraient. Nous ne pourrons donc partir que demain.

Le réveil, en vue du départ, a lieu avant l'aube, et après un déjeuner frugal composé d'une tasse de thé et de quelques biscuits, tout le monde est prêt.

En moins d'une heure le camp est défait et tout est empaqueté. Le temps est superbe, les étoiles brillent encore au firmament avec tout leur éclat; la Croix du Sud est très visible en face de nous.

Notre important safari se met bientôt en marche et s'étend

le long des ravins et des pentes comme une interminable chenille.

Après une heure de marche nous retrouvons les wagons à bœufs arrêtés au bord d'un gué assez important que les Boers n'avaient pas voulu traverser la nuit et qu'ils se disposaient à franchir au moment où nous les rattrapons.

La manœuvre de ces lourds véhicules dans des passages difficiles est si intéressante que tout le monde s'arrête un grand quart d'heure pour suivre leurs évolutions. Nous assistons à la réédition des formidables coups de fouet sur les malheureuses bêtes et aux cris sauvages de leurs conducteurs. Une voiture, la plus chargée, est restée au milieu du gué à l'endroit le plus profond; les roues disparaissent presque entièrement dans l'eau et il faut un attelage supplémentaire de bœufs pour la tirer de cette délicate situation. Les bœufs sont au nombre de trente-quatre, accouplés deux à deux, et, malgré leurs puissants efforts, le chariot ne bouge pas. Pendant ce temps, les files de porteurs sautent de pierre en pierre, ou s'aventurent malgré les risques de trouver une eau profonde au beau milieu du gué; j'ai de fortes craintes pour nos colis.

Le coup d'œil de ce passage en vaut la peine et je suis certain qu'un film sur un pareil sujet aurait un immense succès à Paris. Les bœufs, d'un dernier effort, réussissent enfin à sortir le véhicule enlisé, et après une mauvaise pente le convoi arrive sur un plateau où le sol est meilleur. La marche continue ensuite, à travers une végétation assez serrée, jusqu'au prochain camp.

D'assez nombreux rapaces habitent ces régions et se sont perchés à notre approche sur des arbres aux branches dénudées, semblant se croire hors de danger par leur hauteur. Nous arrivons facilement à en abattre un joli lot comprenant

PASSAGE D'UN GUÉ

PASSAGE DIFFICILE D'UN COURS D'EAU

entre autres un superbe aigle doré, « Gold Eagle », d'une envergure formidable.

Dans le fond d'une vallée où coule une nouvelle rivière, le « Ganna-Narok » ou Rivière Noire, d'importants troupeaux de bœufs massaïs sont rassemblés, et c'est dans leur voisinage, au bord même de l'eau, que nous établissons notre camp.

La présence de tout ce bétail pataugeant dans la rivière a rendu l'eau d'une couleur de suie et malheureusement il ne faut pas songer à en trouver de plus limpide en amont, car les Massaïs sont en nombre considérable dans toutes les directions. On me dit que le gouvernement anglais fait rassembler dans la région 80 000 têtes de bétail; sans que l'on puisse m'en donner la raison.

Ces bêtes dévorent tout, troublent les eaux des rivières, dessèchent les mares naturelles, et il est clair que leur présence fait fuir le gibier. Cuningham en est très contrarié et ne nous cache pas qu'il nous faudra accomplir encore de longues marches pour nous éloigner du voisinage de ces gêneurs afin de trouver la faune qui habitait auparavant ces pays.

Sur ce petit plateau, au milieu de la vallée, se trouve une réunion de paillotes entourées de fortes haies d'épines qui attire mon attention. En pénétrant dans cette enceinte, j'y aperçois plusieurs femmes accroupies et entourées de marmots que mon arrivée soudaine effraye. Ces femmes, des Massaïs, bien entendu, agitent des branches de feuillages au-dessus d'une jatte de lait et d'un petit tas de farine étendue sur une peau d'animal, afin d'en chasser les essaims de mouches qui les menacent; ceci tout en discutant avec la plus grande volubilité avec deux des nègres de mon safari, acheteurs de ces maigres marchandises. Cela nécessite, comme toutes les questions d'intérêt chez ces indigènes, des flots interminables de paroles.

Pour la première fois depuis notre départ, nous voyons enfin des arbres d'assez grande taille et assez feuillés pour projeter un peu d'ombre bienfaisante.

Ce sont des espèces de conifères, au feuillage serré et très vert, qui poussent au bord de l'eau. Quoique le camp soit installé, nous préférons prendre quelque nourriture à l'ombre de ces arbres, car les tentes sont en plein soleil, et il fait à l'intérieur une chaleur suffocante.

Pour alimenter la cuisine, on nous signale un nouveau gibier, qui est, paraît-il, abondant aux environs. Ce sont des pintades « Numidia Mitra Reichnovi ». Nous nous mettons donc à leur recherche et avant le coucher du soleil nous en surprenons, au branché, une très grande quantité, ce qui nous permet de rapporter au camp de quoi approvisionner le garde-manger pour plusieurs jours. Au dîner, nous faisons connaissance avec ces excellentes volailles qui sont en effet délicieuses.

Dès 4 heures le lendemain, tout le monde est sur pied, car les marches du matin sont préférables pour les étapes. Il fait par exemple, dans cette vallée, une température sibérienne; les nègres en sont transis et en attendant le départ nous devons nous réchauffer comme eux, auprès des brasiers mourants.

A 5 heures et demie, le signal du départ est donné, et après avoir gravi un mamelon surplombant la vallée, le safari s'engage à travers une végétation toujours identique à celle des précédentes étapes, c'est-à-dire essentiellement composée d'arbustes dont le feuillage gris et les troncs tordus rappellent vaguement l'olivier. Au milieu de ces bas taillis vivent par bandes de nombreux oiseaux, sortes de huppes au plumage gris qui se déplacent d'arbre en arbre au fur et à mesure que nous avançons et qui poussent des cris de surprise, sans pourtant paraître très effrayés. Il nous est donc facile d'en tirer une belle série pour la collection, ainsi qu'un rapace de grande envergure.

Ces fourrés sauvages doivent en outre servir de refuge aux grands fauves, car on y rencontre de nombreux squelettes qui sont les restes d'antilopes de grande taille dévorées sans doute par les lions, les léopards et les hyènes; par mesure de précaution, les porteurs d'armes nous suivent avec les carabines chargées afin d'être prêts en cas d'alerte.

Vers 10 heures, alors que la chaleur est à son maximum, nous débouchons sur une plaine où broutent de nombreuses gazelles de Thomson (Gazella thomsoni) et des Bubales (Bubalis cokei).

Des grands vols d'échassiers criards sont mêlés à ces troupeaux et la présence de ces gêneurs, qui avertissent le gibier par leurs cris insupportables, rend toute approche sinon impossible, du moins très difficile.

Le vent est pourtant propice, mais malgré toutes les précautions, le gibier s'éloigne. Un de nous réussit toutefois, en s'avançant à plat ventre sur une grande distance, à abattre deux gazelles, un mâle et une femelle.

La continuation de notre marche nous amène bientôt sur les bords d'un nouveau cours d'eau, en partie desséché, qui roule encore des eaux très troubles. C'est le Guasso Nyiro. Nous installons le camp sur une de ses rives, au milieu d'une végétation composée de grands cactus et en face d'une immense plaine aride où abonde le gros gibier : gnous, élans, zèbres, antilopes et gazelles de toutes tailles. Cette richesse zoologique nous décide, bien que l'eau soit boueuse, à séjourner deux jours près de cette rivière et à y attendre les chariots pour nous réapprovisionner.

Avant la nuit, nous inspectons les environs pour la préparation de la chasse du lendemain, et, à moins de 500 mètres du camp, dans un taillis broussailleux, nous levons toute une famille de phacochères qui s'enfuit de belle façon, soulevant derrière elle une longue traînée de poussière. Un gros mâle entêté, qui n'avait pas bougé, bondit à notre approche à quelques pas de nous, esquissant une charge qu'il n'a malheureusement pas l'idée de renouveler, et disparaît bientôt dans l'épaisseur des branchages après avoir manqué de renverser l'un de nous. C'était une énorme bête, hideuse par la forme de la tête boursouflée garnie de quatre formidables défenses, mais sa petite queue, qui se terminait en pinceau et qu'il tenait raide, donnait à ce véritable monstre une attitude plutôt grotesque. Il paraît que ces animaux, qui ont beaucoup du sanglier par leur forme et leurs mœurs, lorsqu'ils sont dérangés et en fuite, ne s'arrêtent que très loin et qu'ils parcourent ainsi de grandes distances, ce qui rend leur poursuite très aléatoire, sinon inutile. Tout comme le sanglier, ils attaqueraient au besoin, comme nous venions de nous en rendre compte. Ces phacochères ont une vitalité inouïe, il nous fut donné d'en juger plusieurs fois, plus tard. Blessée à mort, la bête se sépare immédiatement du lot et va mourir dans une direction opposée à sa bauge et parfois très loin. La balle n'a pour effet que de lui faire activer sa course ou son attaque, à moins qu'elle ne soit logée dans un organe essentiel et qu'il ne tombe raide mort.

A l'extrémité du petit bois bordant la plaine, des gnous, des antilopes et des zèbres broutent sans méfiance leur repas du soir; d'autres phacochères mêlés à ces troupeaux défoncent le sol pour en sortir les racines du chiendent qui couvre ces espaces ; les grandes outardes (Otis kori), plus malicieuses et plus méfiantes, se trouvent également en vue. Mais comme la nuit tombe, nous ne tenons pas à déranger notre gibier et, ayant repéré l'endroit, nous remettons au lendemain notre attaque. Nous rentrons alors au camp où mon chef taxidermiste me montre une des plus jolies antilopes de ces régions, une Impalla qu'il a tuée à la fin de l'étape.

GAZELLE DE THOMSON DANS LA BROUSSE

CAMPEMENT DANS LE VOISINAGE DES MASSAÏS

CHAPITRE IV

Au Guasso Nyiro. — Les phacochères. — Chasse aux antilopes. — Perdus en forêt. — Les bœufs de nos chariots sont atteints par le « Rinderpest ». — Salt-Marsh. — Une punition terrible, le « kiboko ». — Poursuite d'une harde de « gnous ». — Deux autruches bien gênantes. — Chasse à la girafe. — Un Boer nous conte des histoires de lions.

De grand matin les préparatifs sont rapidement faits en vue du départ pour la chasse au gibier de la veille. Nous nous répartissons en deux lots : Cuningham et moi vers la haute plaine, tandis que mes trois autres chasseurs partent dans une direction opposée à travers une région collinée et couverte de taillis, dans le but de surprendre les Impallas que nous savions exister dans les fourrés, puisque la veille, en cours de route, l'un de nous en avait tué une.

En plus des porteurs de fusils et Saïs, chaque groupe est escorté aujourd'hui d'une douzaine de porteurs, ces derniers ayant pour mission de rapporter au camp le gibier au fur et à mesure des prises.

Après une courte marche à travers la plaine, nous apercevons de nombreuses hardes d'antilopes; mais leur méfiance extrême nous empêche de les attaquer; du reste, notre but principal étant de nous procurer quelques spécimens de gnous, et comme aucun de ces animaux n'est encore en vue, nous continuons notre chevauchée dans cette désertique région, où nous découvrons bientôt notre gibier au pied d'une forte colline.

La troupe de gnous ne nous a pas éventés et continue à brouter paisiblement l'herbe rare de la plaine pendant que nous mettons pied à terre; nous avançons ensuite obliquement, nous dissimulant derrière nos chevaux que nous poussons devant nous. Bientôt un vieux mâle prend l'éveil, mais la curiosité l'emporte sur la crainte et il se laisse approcher encore par les animaux inconnus qui s'avancent vers lui et que maintenant tout le troupeau observe en donnant des signes de défiance.

La distance étant alors assez diminuée pour avoir une « bonne chance », suivant l'expression anglaise, nous nous démasquons. A notre vue et surtout aux détonations de nos carabines, la harde s'est ébranlée dans un nuage de poussière nous donnant un spectacle curieux par les bonds désordonnés que font les gnous avant de s'enfuir. Cependant deux des leurs ont mordu la poussière et se débattent à terre; nous nous précipitons pour les achever, mais à ce moment l'un d'eux, réunissant ses dernières forces, fait face et manque d'encorner mon deuxième pisteur qui s'apprêtait à le finir au couteau. Je dois donc tirer à nouveau deux balles pour abattre enfin mon animal pendant que Cuningham s'occupe déjà à dépecer l'autre, qu'il n'avait pas manqué.

Nous poursuivons ensuite notre route en contournant la colline, mais nous devons parcourir une longue distance avant de revoir d'autres antilopes, qui sont par ici extrêmement méfiantes. Nous nous contentons donc de quelques gazelles pour fournir de la viande à notre cuisine et rentrons au camp.

Quant au groupe de mes chasseurs livrés à eux-mêmes pour la première fois, dans ce genre de chasse, ils n'eurent pas la chance d'abattre leurs Impallas dont ils prirent pourtant la piste, apercevant de temps en temps leur gibier, qui les entraîna fort loin du camp.

Ils n'avaient pas songé en effet que le seul moyen pour tromper la vigilance de ces bêtes, à l'odorat subtil, était d'essayer de les approcher sous le vent. Par suite de ce manque de précaution, les antilopes s'éloignèrent au fur et à mesure que les chasseurs approchaient, séparés les uns des autres et en ligne comme dans une battue. Ils réussirent ainsi simplement à s'égarer au milieu des fourrés épais qui les entouraient de toutes parts. Les nègres, qu'ils avaient par prudence laissés loin derrière eux, errèrent également dans la forêt, dans toutes les directions, sans réussir à retrouver ni leur route ni leurs chasseurs.

Pour comble de malchance, la pluie se mit de la partie et commença à tomber en formidables averses, dont celles de nos pays ne donnent qu'une idée bien imparfaite.

Trempés jusqu'aux os, ils durent employer tout le temps qui leur restait jusqu'à la nuit à se rechercher les uns les autres, se faisant des appels au sifflet ou tirant des coups de feu en l'air. Ils finirent enfin par se retrouver après plusieurs heures de marche et de contremarche.

Pris d'inquiétude en ne les voyant pas rentrer à la nuit, j'envoyai vers la forêt des Askaris armés et munis de lanternes pour rechercher les disparus.

On voit que le début fut assez mauvais, mais la leçon bonne, car Cuningham, qui connaît, pour les avoir courus maintes fois, tous les dangers de la brousse pendant la nuit, ne put s'empêcher d'admonester sérieusement nos intrépides chasseurs pour n'avoir pas songé à quels périls possibles leur témérité pouvait les exposer. Les fauves en effet abondent dans cette région qui leur offre beaucoup de retraites et des proies nombreuses en raison de la grande quantité de gibier vivant dans la plaine.

Les Boers que nous attendions arrivèrent ce même soir et

se mirent de suite à inoculer leurs bêtes contre la peste bovine, qui avait déjà atteint plusieurs de leurs bœufs.

L'opération ne fut pas des plus faciles, et pour avoir raison de ces animaux à demi sauvages ils durent leur lier les pattes par de savants coups de lasso et les attacher solidement à leurs chariots. Au lieu de repos, la journée fut donc rude et fatigante pour ces pauvres gens.

En raison des grandes difficultés pour nous procurer nos spécimens, Cuningham me dit au dîner qu'il était inutile de nous attarder à ce camp et qu'il valait mieux continuer dès demain notre marche vers les plaines du Sotik.

Après une nuit excellente, nous levons le camp à 6 heures pour parcourir l'étape qui nous sépare de Salt-Marsh, situé à 15 milles de là et où nous devons trouver non seulement du gibier mais aussi une source d'eau délicieuse quoique calcaire. Il n'en faut pas plus pour nous donner le cœur nécessaire pour entreprendre cette nouvelle marche.

Nous avançons d'abord à travers une zone de brousse sèche couverte d'une maigre végétation d'arbres rabougris presque défeuillés et hauts de 2 à 3 mètres, au milieu desquels bondissent de mignonnes antilopes ainsi que de nombreuses gazelles que notre passage dérange de leur repas du matin. Plus loin, nous devons entrer dans la vaste plaine à l'herbe grillée, dont la monotonie n'est rompue que par les rares buissons épineux et les quelques rares acacias rachitiques qui y poussent.

Notre chasse de la veille semble avoir refoulé dans cette plaine une grande quantité de gibier; aussi avant d'y pénétrer explorons-nous l'horizon à l'aide de nos lorgnettes, espérant découvrir à cette heure quelques spécimens d'animaux intéressants. Mais seuls des zèbres et des troupeaux de

NOS BOERS IMMUNISENT LEURS BŒUFS
CONTRE LA PESTE BOVINE

CAMPEMENT À SALT MARSH

gazelles de Grant (Gazella granti typica) de hartebeest (Bubalis cokei) qui pullulent partout et des gazelles de Thomson (Gazella thomsoni) paissent tranquillement sans la moindre méfiance.

J'étais résolu à ne point chasser les grosses pièces, pendant la marche du safari, à cause du dépouillement et du transport des peaux qui représentent toujours des difficultés durant une étape ; pourtant cette affluence de gibier ne tarde pas à tenter ma carabine. Je quitte donc la caravane pour atteindre une ligne d'acacias qui va me protéger pour approcher une troupe de zèbres ; le vent étant propice, je peux facilement arriver jusqu'à une espèce de ravine qui longe justement les arbres. Je vois alors devant moi, à environ 180 mètres, une petite troupe de ces animaux forte d'une vingtaine d'individus très bien groupés. Je veux cependant choisir l'animal me paraissant avoir la plus forte taille et la plus belle robe. Dès que mon gibier est un peu mieux éparpillé, je lâche mon coup de carabine sur l'animal choisi ; un bruit sourd m'annonce presque en même temps que la balle a atteint son but. Pris de panique, les zèbres font un bond formidable en avant, mais comme d'habitude ils s'arrêtent un peu plus loin pour observer d'où vient le bruit. Seul, le blessé s'écarte, parcourant une cinquantaine de mètres avant de s'effondrer tout à coup sur le sol. J'envoie alors mon second coup, qui frappe sérieusement un autre zèbre ; c'est alors le galop éperdu de la déroute pour le reste de la bande, tandis que le blessé reste en arrière. Malgré ses efforts pour suivre les autres et se voyant dans l'impossibilité de les rejoindre, il s'en détache franchement pour s'éloigner dans une tout autre direction. Je le suis avec précaution au moyen de mes jumelles et il m'est donné de constater parmi ces animaux un touchant exemple de solidarité dont je ne me serais jamais douté. Dès que le blessé s'est séparé du groupe des fuyards, ces derniers, comprenant sans doute qu'un malheur vient de frapper un des leurs, s'arrêtent tout à coup et reviennent aussitôt vers le blessé, qu'ils entourent comme pour le protéger et l'encourager à fuir avec eux.

Mais celui-ci, souffrant de sa blessure, paraît indifférent à leurs soins inutiles et continue à s'éloigner lentement, la tête basse, se dirigeant vers un taillis pour y mourir. Ses camarades, qui ont sans doute compris l'impossibilité de secourir leur malheureux frère et craignant un semblable sort, disparaissent dans un tourbillon de poussière.

Je rejoins alors le zèbre resté seul qui s'est arrêté et finis la pauvre bête d'une balle au bon endroit, pendant que mon gunbearer s'apprête à s'élancer vers lui pour lui pratiquer la saignée habituelle au cou, sans laquelle tout bon mahométan ne mangerait jamais la chair du gibier abattu.

Je laisse ensuite mes « gunbearers » et « saïs » dépouiller les deux bêtes et enfourche mon cheval pour rejoindre le safari qui passe assez loin et informer les wagonniers d'avoir à charger les deux peaux que j'ai donné ordre de porter sur le passage des chariots.

Vers une heure, nous atteignons le but de notre étape, Salt-Marsh, où nous établissons notre nouveau camp sur un petit plateau dominant une grande mare boueuse, en partie desséchée, dans laquelle se répandent de tout petits ruisselets provenant du trop-plein de deux sources que nous venons de découvrir et qui alimentent ce minuscule marais. Quelques mimosas de grande taille, au feuillage rare, projettent sur notre plateau un peu d'ombre bienfaisante.

Au moment où nous arrivons, un troupeau appartenant à des Massaïs piétine au milieu de la mare et en déloge un

PHACOCHÈRE ABATTU PAR ALBIN

CAMPEMENT AU GUASSO NYIRO

grand nombre d'oies, de canards et de bécassines. Des marabouts dérangés par notre arrivée se perchent sur le faîte des arbres environnants et guettent, inquiets, les mouvements de toute notre troupe.

Notre premier soin est de protéger, par un entourage de branches d'acacia aux fortes épines, une de ces sources contre l'approche du bétail et d'y mettre en faction un Askari qui gardera, l'arme au pied, notre précieux breuvage contre les indigènes et aussi contre le barbottage de nos nègres assoiffés. Nous pourrons ainsi avoir une eau claire et assez fraîche.

La longue marche de la matinée ayant sérieusement aiguisé nos appétits, nous prenons notre déjeuner en plein air avant le montage du camp. Mais au milieu de celui-ci, des cris de douleur s'élèvent tout proche qui coupent net notre repas. Je fais alors appeler Cuningham qui m'explique qu'un des porteurs a commis une faute très grave et qu'il a été obligé de lui faire appliquer la terrible punition que l'on appelle en Afrique le « kiboko », consistant en un certain nombre de coups de cravache appliqués sur les reins du fautif à qui l'on a entravé les mains et les pieds et que quatre indigènes maintiennent à plat ventre, pendant que le headman lui administre la correction en comptant les coups à haute voix.

En plus de mes sentiments d'Européen, un peu outré par cet usage barbare, ma première pensée est que mon contingent va se révolter, mais comme j'exprime ma façon de voir à Cuningham, celui-ci me dit simplement : « Voyez par vous-même. »

Je passe alors la tête au-dessus d'un buisson qui me masque la partie du camp d'où viennent les cris et aperçois la foule des porteurs qui, bien que sérieuse, semble prendre la scène que je trouve si odieuse comme la chose la plus naturelle du monde; certains même ont l'air de trouver cela drôle et parmi ceux-ci les gunbearers et les boys.

Froissé cependant de ce procédé cruel, j'interviens auprès de Cuningham, pour que de tels actes ne se reproduisent plus.

Mais mon guide, homme calme et plein de justice, m'assure que c'est bien à contre-cœur qu'il emploie ce moyen dont il use le plus rarement possible, mais qu'il y est parfois forcé car sans cela les indigènes refuseraient d'obéir et, prenant sa clémence pour de la faiblesse, ne manqueraient pas de se soulever à l'occasion. Du reste, m'explique-t-il, la punition n'est pas infamante aux yeux de ces peuplades et la crainte des coups est le seul moyen de retenir ces gens, encore si loin de notre mentalité.

Il me promet pourtant, pour m'être agréable, que de semblables corrections ne se renouvelleront plus jusqu'à ce que je lui demande moi-même de le faire, ce que, entre parenthèses, je fus obligé de faire un mois après, ayant épuisé tous les autres moyens possibles et imaginables.

Aussitôt notre repas pris et pendant que l'on monte le camp, nous partons à la chasse aux palmipèdes et aux échassiers qui sont revenus prendre leurs ébats sur la grande mare, malgré notre voisinage.

Je réussis pour mon début un joli doublé sur deux oies d'Égypte en plein vol; j'envoie ensuite un de mes compagnons se dissimuler derrière des buissons, à l'autre bout de la mare, et ainsi placés, les oiseaux, en un chassé-croisé continuel, viennent s'abattre devant l'un ou l'autre. Nous faisons une superbe chasse et rapportons à la tombée de la nuit de nombreux hérons, des spécimens variés de pluviers, bécasseaux, plusieurs petits canards de la taille de notre sarcelle d'hiver, ainsi que des oies sauvages et d'Égypte.

Mon second taxidermiste, qui s'est dirigé assez loin du côté du nord, est assez heureux pour capturer un jeune zèbre vivant qu'il rapporte lui-même au camp. Ce charmant petit animal, quoique effarouché, accepte presque aussitôt, avec beaucoup de tranquillité, le lait qu'on lui offre et j'espère, vu sa douceur, pouvoir le garder.

De bonne heure, nous sommes éveillés par Cuningham qui a projeté une nouvelle chasse aux gnous qu'un de nos pisteurs vient de lui signaler. Aussi partons-nous bien avant le jour, car nous avons une longue marche à faire avant d'atteindre notre terrain de chasse.

Le lever du soleil nous surprend déjà loin de Salt-Marsh, à l'autre extrémité du bois qui sépare notre camp de l'immense plaine où nous débouchons.

A cette heure matinale nous surprenons de nombreux troupeaux de gazelles de Thomson (Gazella thomsoni) et de Grant (Gazella granti typica) que notre approche ne paraît guère déranger; c'est à peine si toutes ces jolies petites bêtes esquissent çà et là des petits galops, puis s'arrêtent à courte distance pour épier nos mouvements. On dirait, à les voir aussi paisibles, que ces animaux comprennent que nous ne leur voulons aucun mal.

Comme il manque cependant à la collection une femelle de granti, je saisis l'occasion qui s'offre pour la compléter.

Un joli couple est justement à cent mètres environ; à cette distance je peux facilement me rendre compte de la taille des bêtes; la femelle paraît remplir toutes les conditions désirables, aussi je n'hésite pas à l'abattre. Ma balle avec un bruit sourd l'a frappée au flanc; le pauvre animal reste pourtant debout à la même place, comme pétrifié; on ne le croirait même pas blessé, tant il se raidit pour ne pas tomber, gardant la tête haute. Le mâle, lui, s'est enfui au coup de feu et ne s'arrête qu'assez loin, paraissant s'étonner que sa compagne ne le suive pas.

Comme nous approchons de la bête blessée pour la finir, la pauvre gazelle s'écroule, tuée raide par l'hémorragie qui s'est produite intérieurement.

Le camp n'étant pas encore très éloigné, je donne l'ordre à trois porteurs d'y transporter en entier ce joli spécimen. Nous poursuivons ensuite nos recherches, cherchant notre gibier à l'aide de nos jumelles, chaque fois qu'une nouvelle partie du terrain se découvre à notre vue.

Tout à coup un léger nuage de poussière s'élève au loin, indiquant qu'une harde se trouve dans cette direction, et bientôt, la troupe s'étant arrêtée, nous distinguons de hautes antilopes que leur couleur foncée nous permet facilement d'identifier. Ce sont des gnous; du reste, leur manière de se grouper très caractéristique ne nous laisse aucun doute.

Tout un troupeau d'au moins quarante individus est là à moins d'un kilomètre; les méfiantes antilopes nous observent, le mufle tourné dans notre direction, semblant humer l'air pour se rendre compte de la nature de notre groupe.

Cuningham, qui a mis pied à terre, donne quelques coups de pied sur le sol pour s'assurer de la direction que prend la poussière.

Le vent étant bon, nous nous dirigeons sans nous presser vers les gnous. Mon cheval et les porteurs s'étant dissimulés dans un creux de la plaine, nous préparons notre attaque : mon guide marche en tête conduisant par la bride son cheval dont la couleur gris-noir a quelque analogie avec celle du zèbre; moi et les porteurs de fusils suivons, accolés au corps de la bête du côté opposé au gibier. C'est toute une laborieuse manœuvre à exécuter pour approcher les animaux, car cette fois ils ont l'air de faire bonne garde.

Sans faire le moindre mouvement, ni de la tête ni des mains, notre guide marche lentement à l'allure naturelle d'un homme ayant l'air d'avoir toute autre préoccupation que celle d'un chasseur; il nous dirige en zigzaguant, d'après les mouvements des gnous. Le cheval paraît lui-même se rendre compte de sa mission; il suit son conducteur d'un pas bien régulier sans faire aucun mouvement de tête et, si ce n'était ses quelques reniflements de temps à autre, il serait parfait.

Cependant il est toujours nécessaire de prendre de grandes précautions pour cette chasse, car il se produit chez ces bêtes, au caractère violent et capricieux, des mouvements d'une excentricité incroyable. Dès que quelque chose leur paraît suspect, ils gardent une immobilité absolue, la tête haute, le regard fixé vers le point qui les préoccupe; puis l'un d'eux, plus impatient, baisse le mufle, cingle ses flancs de sa queue, fait des écarts désordonnés, se prend de querelle avec ses voisins et se remet en observation; un second l'imite, puis un troisième et subitement, ayant sans doute suffisamment épié l'objet de leur crainte, la horde détale au galop l'un derrière l'autre, se cabrant, ruant, se trémoussant dans des contorsions inimaginables, mais s'éloignant et devenant de plus en plus méfiants.

Aujourd'hui pour la première fois la fuite se borne à un simple crochet et les gnous s'arrêtent de nouveau pour considérer encore une fois Cuningham et le cheval qui nous abrite.

Puis prenant sans doute notre vent, la bande se déplace, augmentant au moins du double la distance qui nous en sépare. Toujours avec le même calme, Cuningham essaye une troisième fois de rejoindre les fuyards, mais à peine arrivés à cinq cents mètres, c'est une nouvelle fuite désordonnée.

Pour la quatrième fois, nous essayons de les approcher malgré le soleil qui devient de plus en plus brûlant et la forte réverbération qui gêne considérablement notre tir.

Enfin cette fois nous parvenons à moins d'un quart de mille sans qu'ils manifestent de nouvelles velléités de fuite; je me décide alors à les tirer. Avec précaution je me baisse à terre pendant que Cuningham, son cheval et les porteurs continuent leur marche. Visant dans le nombre le gnou qui s'offre le mieux à moi, je presse la détente. La bête fait un bond formidable, mais reprend sa course folle derrière le troupeau en fuite. Cuningham, revenu vers moi, m'assure que mon coup a porté, mais l'endurance de ces animaux est telle que si la balle ne les atteint pas dans un organe essentiel, il y a des chances pour qu'ils parcourent plusieurs kilomètres avant de tomber. J'en suis désolé, car nous perdons bientôt de vue la belle antilope dont la poursuite devient à peu près impossible. Mais mon coup de feu, quoique sans effet sur les gnous, n'a pas été inutile car il a mis en éveil quatre superbes topis (Damaliscus) qui s'échappent d'un repli de la plaine : ce sont les premiers que nous apercevons depuis le commencement des chasses. Ces jolies et rares antilopes semblent se diriger dans le sens contraire des gnous et nous nous mettons de suite à leur poursuite; après plusieurs manœuvres assez laborieuses, nous arrivons à les approcher à environ quatre cents mètres.

« Tirez-en un », me dit Cuningham; le moment étant propice, je vise un superbe mâle qui est en tête. Un bruit sourd m'annonce que la bête a été atteinte et je la vois en effet se détacher aussitôt des autres pour tomber à deux cents mètres plus loin.

Je siffle alors mes hommes qui se mettent en devoir de dé-

IMPALA

TOPI (*Damaliscus*)

pouiller cette superbe pièce. Cette besogne prend une heure environ et nous en profitons pour nous reposer. Par suite de la déclivité du sol, à cet endroit, nous sommes naturellement dissimulés et tout à coup un zèbre curieux fait irruption à moins de trente mètres de nous. Il s'arrête une seconde, très étonné, puis fait volte-face et repart au grand galop, empreint d'une peur terrible.

Avant de reprendre notre marche, nous inspectons la plaine et à notre grande surprise nous apercevons nos gnous dans le lointain qui paissent paisiblement pendant que d'autres font la sieste. Nous nous décidons de suite à tenter de nouveau la chance et après une demi-heure de manœuvre, en avançant toujours en zigzag, nous nous sommes assez rapprochés du gibier.

Un des gnous, très écarté du groupe, est couché, et comme c'est un superbe spécimen, nous nous dirigeons vers lui, car sa position va nous permettre d'approcher très près.

Je me réjouis déjà de la désagréable surprise que je réserve à l'animal. Mais ladite surprise est pour nous qui n'avions pas compté sur la présence de deux autruches (Struthio massaïcus) postées non loin de là et paraissant faire le guet.

Ces gênantes sentinelles, jugeant sans doute que nous nous sommes assez approchés du gnou trop confiant et prévoyant un danger, poussent un cri.

A cet avertissement le gnou, mû comme par un ressort, est sur ses pattes d'un seul bond et s'enfuit aussitôt sans se rendre compte d'où vient le danger. Après un parcours de cinq cents mètres environ, il s'arrête pour inspecter attentivement les alentours et nous ayant éventés il détale vers la grande plaine. Ces deux agaçantes autruches me font manquer une occasion unique, car c'était une superbe bête portant un massacre de grandes dimensions.

Bien qu'elles soient protégées par la loi, j'ai une tentation bien forte de décharger ma carabine sur une des deux espionnes, et si ce n'était la crainte de froisser mon distingué collègue Percival, j'écrirais bien d'où proviennent les plumes qui font envie à toutes les amies de ma femme.

Après quelques instants de pause, nous reprenons notre chasse dans une plaine ondulée où après avoir gravi un petit mamelon nous inspectons les environs. Derrière un repli de terrain, à un mille et demi, se tient encore une réunion de gnous et nous tentons sur eux un dernier essai. Bien que nous les ayons contournés d'assez loin, une partie des animaux, qui n'appartiennent sans doute pas à la même bande que nous avons déjà chassée, se met en mouvement et s'éloigne en une longue procession vers d'autres quartiers.

Une seconde portion part également en file indienne dans une direction opposée aux premiers. Mais heureusement quelques animaux plus calmes restent et, tout en surveillant nos mouvements, nous laissent venir à environ 300 mètres. A ce moment plusieurs gnous commencent à manifester de sérieuses inquiétudes. Je vise dans un petit groupe compact de trois ou quatre le plus beau des individus qui s'offre à mon tir. Mon coup est trop bas et coupe net la patte de l'animal. Au coup de feu toute la bande part, suivie un moment par le blessé qui roule à terre par instant, mais se relève plusieurs fois en cherchant à rejoindre la colonne.

Cuningham, qui a enfourché son cheval, part à fond de train pour essayer de lui couper la retraite pendant que je mets le mien au galop pour me porter rapidement sur la droite et attendre au passage le blessé. Ne quittant pas la bête des yeux, je remarque qu'elle diminue son allure; sa jambe coupée flotte au vent et cependant elle galope vite sur ses trois pattes valides. La bête paraît pourtant se fatiguer et tente de s'arrêter pour reprendre haleine, mais je ne lui en donne pas le temps. Je me suis même tellement rapproché que le gnou esquisse une petite charge contre moi; cette offensive lui coûte cher, car au moment où il va m'atteindre, je le foudroie d'une balle au bon endroit.

Tous nos hommes ayant vu tomber la bête accourent vers nous pour la dépouiller. Il est alors midi, les vagues de chaleur ondulent sur l'immense plaine jaunie; sous l'optique du mirage quelques gnous et autres antilopes paraissent au loin être plongés dans un véritable aquarium, semblant marcher à deux mètres au dessus du sol.

Ayant rempli notre programme nous reprenons le chemin du camp, où nous rentrons de bonne heure.

A peine venions-nous d'y arriver qu'un de mes taxidermistes, qui était allé le matin même faire une petite reconnaissance dans une direction opposée à la nôtre, m'informe qu'il a aperçu dans la direction du nord, et à trois heures environ d'ici, une girafe d'une taille fort remarquable.

Cette géante paraissait fréquenter les petites proéminences boisées faisant suite à la grande plaine. Il l'observa longtemps pensant lui découvrir quelque compagne ou compagnon, ou peut-être toute une famille, suivant l'habitude des girafes, mais l'animal était bien seul.

Puisqu'elle vivait ainsi solitaire, Cuningham me dit que c'était une excellente indication, car l'animal devait être très vieux, c'est-à-dire un bon spécimen. « Il ne faut pas laisser échapper semblable occasion, ajouta-t-il, et nous tâcherons, si vous le voulez bien, de la revoir et de la chasser demain matin. »

Enchanté de la bonne nouvelle, il décide que nous partirons demain à la première heure pour essayer de prendre contact avec cet important gibier.

Dès le matin tout est prêt et vers 5 heures et demie nous nous mettons en selle accompagnés du préparateur François Deprimoz qui nous sert de guide et d'un nombre de porteurs suffisant que nous laissons assez loin derrière. Nous marchons dans la direction nord-ouest, car il y a des chances pour que nous trouvions à cette heure matinale la girafe, en bordure des premiers arbres, en train de brouter des bourgeons de mimosas. Très occupée à son déjeuner elle se départira sans doute de sa vigilance habituelle, à ce que me dit Cuningham, et nous espérons ainsi la surprendre.

Après avoir traversé le bois qui sépare la plaine des derniers contreforts boisés des montagnes de Mau, nous avançons pendant près de deux heures sans rien apercevoir. Mais à peine avons-nous gravi une petite colline, que la silhouette gigantesque de notre gibier apparaît se profilant à l'horizon où elle se détache sur le ciel très pur. La bête se trouve presque au sommet d'une colline dépourvue de végétation, et contrairement à nos suppositions, elle paraît être déjà en train de nous observer.

Cuningham évalue la distance qui nous sépare à une heure et demie environ de marche. Mais, après avoir gravi une succession de mamelons et avoir atteint la place où se trouvait notre grand gibier, il nous est impossible de le revoir. Malgré toutes nos précautions, il nous a sans doute éventés et s'est éloigné. Les porteurs de fusils réussissent cependant à prendre sa trace dont nous suivons la direction. Il ne faut pas songer en effet, pour faciliter notre observation, à suivre le haut du plateau trop à découvert, mais longer de préférence le bord d'un rideau d'arbres au feuillage assez serré.

Parfaitement dissimulés et prenant toutes les mesures

nécessaires, nous marchions depuis une demi-heure et commencions à nous décourager, lorsqu'un de mes gunbearers aperçoit dans le lointain la girafe qui revient sur ses pas, marchant vers nous par conséquent en suivant la bordure des arbres, et s'arrêtant fréquemment pour écouter.

Nous dissimulant de notre mieux derrière les taillis et en avançant courbés en deux, nous réussissons à approcher à moins de 100 mètres du superbe animal. Un peu essoufflé par notre marche à quatre pattes, un peu ému et excité par la vue de ce gibier rare, je tire à une soixantaine de mètres deux coups de ma 10.75 à balles expansives. Seul, mon second coup porte, et bien mal, car la balle ne parvient qu'à lui casser le sabot. Nous aurions certes perdu ce splendide spécimen sans la sensibilité extrême des girafes.

En effet, tout autre animal aurait disparu, mais la girafe, elle, s'arrête après avoir fait quelques pas, sans doute à cause de la douleur qu'elle ressent en posant son sabot sur le sol. Je profite immédiatement de ce court arrêt pour décharger à nouveau ma carabine, dont une balle lui traverse le thorax.

Rassemblant ses forces, la pauvre bête tente alors de s'enfuir vers la forêt, où nous la poursuivons en tiraillant. Ayant réussi, malgré notre course, à placer une troisième balle, la bête s'écroule dans un buisson épineux. Je suis ravi! Mon guide accourt pour me féliciter pendant que l'animal se débat furieusement, et autant pour écourter son agonie que pour éviter les terribles coups de pied, Cuningham l'achève d'une dernière balle.

C'est, comme l'avait supposé mon chasseur, un spécimen de toute beauté; un vieux mâle solitaire ayant atteint son maximum de croissance et peut-être d'âge, à en juger par ses dents qui sont presque entièrement usées. Il mesure exactement 5 mètres 25 de haut. Quoique paraissant bien appartenir à la forme « Giraffa cameleopardalis Tippelskirchi », notre individu a un pelage très foncé, presque noir, et quelques autres particularités qui nous font croire que nous sommes en présence d'une nouvelle variété, et ce fait augmente encore la satisfaction que me procure cette intéressante capture.

Le travail de dépouillage et dépeçage fait sur place est très laborieux et doit être très soigné, car la peau des girafes est des plus fragiles. De plus les membres sont indispensables pour le montage futur et leur transport n'est pas une petite affaire car leur répartition comme charges aux porteurs n'est pas chose facile.

La peau et le crâne, d'un poids respectable, sont suspendus à de fortes branches, d'une assez grande longueur, ce qui permet le concours de plusieurs hommes à chaque bout pour en effectuer le transport.

Quant au reste, nous nous en tirons assez bien en chargeant saïs et pisteurs. Ces difficultés ayant été surmontées, nous prenons la direction du retour, précédant les porteurs auxquels nous indiquons le chemin, et atteignons le camp à la nuit.

Tout le safari s'intéresse à nos entreprises cynégétiques et les hommes restés au camp comprennent vite, en entendant le rythme entraînant du chant de nos porteurs, qu'il s'agit d'une importante capture; aussi accourent-ils, curieux, au-devant de nous.

C'est un peu le côté pittoresque de la vie de caravane, car la moindre diversion à leurs travaux est un prétexte de réjouissance pour les nègres, qui organisent de suite des danses au son de leurs chants et de leur tam-tam.

Pour ce soir voilà de l'ouvrage pour les écorcheurs et skinners, car Cuningham a décidé de leur faire passer la nuit afin d'avoir une peau irréprochable qu'il compte mettre demain dans un petit baril avec le sel nécessaire à sa conservation.

Après le dîner nous allons surveiller le dépouillage ; toutes les lampes du camp ont été réquisitionnées et cet éclairage important concentré autour des nombreux travailleurs attire tout notre monde vers la tente de la taxidermie; les Boers des chariots sont eux-mêmes présents, et en suivant le travail nous causons longuement ensemble.

Ces rudes conducteurs, dont les aventures ne se comptent plus, nous intéressent au plus haut point, avec leurs histoires qui ce soir portent surtout sur les lions et, racontées par des gens si familiarisés avec les fauves, elles sont dépourvues de forfanterie et captivantes au possible.

Smith, l'aîné des trois Boers, nous raconte entre autres un grave accident qui lui est survenu précisément à Salt-Marsh, il y a quelques années, et qui faillit lui coûter la vie.

Conduisant un convoi avec son père, ils avaient campé tous deux dans cet endroit qui foisonnait de lions, et avaient eu, pendant la nuit, un démêlé sérieux avec plusieurs félins affamés qui ne cessèrent de rôder autour des chariots et tentèrent même d'emporter un de leurs bœufs.

Tous les deux étaient d'enragés chasseurs, aussi une partie de chasse fut-elle vite décidée et à l'aube ils se mirent à la recherche des fauves qui n'avaient pas dû s'éloigner, car les buissons environnants leur fournissaient de nombreux repaires. C'est vers une de ces retraites qu'ils commencèrent leurs investigations. L'herbe étant haute, ils avançaient avec une extrême prudence, car autant le lion est circonspect en terrain découvert, autant il est hardi là où se trouve le moindre petit abri.

Blotti dans les herbes, le terrible carnassier attendait

résolument l'approche des deux hommes, vers lesquels il bondit tout à coup et sans pousser le moindre rugissement. Terrassant le jeune Smith, le fauve lui enfonça ses crocs puissants dans l'épaule et lui laboura de ses griffes le bassin et les jambes. Quoique surpris, le père ne perdit pas son sang-froid et au risque d'atteindre son fils abattit le lion presque à bout portant.

Ce pauvre jeune homme nous montre les cicatrices des terribles blessures qui l'immobilisèrent pendant six mois. « Heureusement, ajoute-t-il, que le lion avait manqué la prise qu'il convoitait, car, suivant leurs habitudes, ces fauves essayent toujours de saisir le cou de leurs victimes, qu'ils brisent ordinairement d'un seul coup de mâchoire. »

Comme nous arrivons dans la région où nous allons entreprendre la chasse au roi des fauves, je me plais à écouter les récits vécus de ces gens et à recueillir quelques conseils sur cette dangereuse poursuite.

La chasse en plaine et à cheval est certainement la plus intéressante, mais à la condition que l'herbe ne soit pas très haute, car elle constitue un danger, non seulement à cause des surprises soudaines auxquelles on est exposé, mais surtout par suite de l'impossibilité où se trouve le chasseur de voir les obstacles du terrain. Lorsque, au contraire, l'herbe est rase ou sèche, on peut facilement, avec de bonnes jumelles, découvrir le lion à une assez grande distance, quoiqu'il se dissimule et que sa couleur ressemble à celle du sol.

Quand on a découvert le félin, on le force à cheval, car le fauve se fatigue assez vite et s'arrête bientôt pour reprendre haleine : on en profite pour mettre immédiatement pied à terre et tirer; s'il n'est que blessé, le lion charge de suite, et il ne reste au chasseur qu'à l'attendre pour l'abattre à courte distance ou de sauter en selle et fatiguer le fauve, par une fuite conduite avec intelligence. L'idée du lion dans ce moment décisif paraît être identique à celle du chasseur; tous les deux sont déterminés à tuer l'adversaire et inévitablement la lutte engagée est un combat au « finish », comme disent les Anglais.

Cette chasse exige un cheval très vif, une certaine pratique et beaucoup de sang-froid. Dans tous les cas il est préférable d'être à deux pour l'entreprendre, car de cette manière on se fait charger par le fauve à tour de rôle, ce qui ménage les montures des chasseurs.

Un autre mode de chasse, plus aléatoire, il est vrai, mais offrant une grande sécurité, consiste à attendre le lion la nuit dans un boma, ou enceinte, formé de branchages d'acacia aux fortes épines d'environ 1 m. 60 de hauteur, et ayant l'aspect d'un véritable buisson. Une ouverture pratiquée en face de l'appât que l'on a eu soin de traîner le ventre ouvert dans les environs avant de le placer à une dizaine de mètres de l'abri, permet aux chasseurs de guetter l'approche du lion.

Nous sommes précisément dans la période de lune et comme il faut avant tout faire notre apprentissage, les Boers nous conseillent d'adopter, pour notre premier essai, le dernier procédé.

Peu après cette intéressante conversation, je regagne ma tente, laissant l'infatigable Cuningham surveiller le travail des nègres.

A mon réveil, j'apprends que l'on est déjà en train de rouler la peau de la girafe pour la rentrer dans son petit tonneau. C'est à ne pas y croire ; il a fallu la compétence et le courage habituel de notre guide pour faire ce tour de force, car sans la surveillance qu'il a exercée pendant une bonne partie de la nuit, la préparation serait loin d'être terminée.

Dès 6 heures nous sommes en selle, nous rendant à la chasse aux Topis, dont la collection ne comporte encore qu'un seul exemplaire.

Nous nous dirigeons, ce matin, vers la haute plaine où le gibier paraît être toujours en grand nombre, mais nos coups de feu des jours précédents l'ont rendu plus circonspect. A notre approche les gnous se mettent en mouvement et se hâtent de prendre la fuite.

Leur méfiance inquiète tout le reste du gibier et nous avons beaucoup de peine à nous approcher de 400 ou 500 mètres d'une troupe de Topis qui se trouvait dans ces parages.

Nous allions cependant en faire l'approche quand un groupe de trois autres Topis apparaît à plus courte distance, grimpés sur de petits monticules formés par de vieilles termitières. Leurs silhouettes, se détachant au-dessus du niveau de la plaine, nous offrent des cibles admirables vers lesquelles nous nous glissons, jusqu'à une bonne distance, qui me permet d'abattre presque coup sur coup deux des Topis pendant que mon premier préparateur boule le troisième de la plus jolie manière. Nous tirons ensuite un zèbre pour nos hommes, puis rentrons fort satisfaits de notre journée.

Moins heureux, mon secrétaire et un de mes taxidermistes, qui étaient partis également en plaine, mais dans une autre direction, furent vite découragés en raison des difficultés qu'ils éprouvèrent à approcher du gibier. Après quatre heures de chasse, Albin eut pourtant l'adresse de tuer une grande outarde (Otis kori). Quant à son compagnon, il dut se contenter d'un phacochère; il est vrai très beau. Ils me dirent également avoir aperçu un léopard, mais le félin prit la fuite et malgré une poursuite énergique ils ne purent le forcer à

BANDE D'AUTRUCHES DANS LES PLAINES DU GUASSO NYIRO

cause du terrain pierreux où leurs chevaux manquaient de faire panache à chaque pas.

Le gibier étant devenu par trop méfiant, nous nous décidons à quitter Salt-Marsh après avoir employé notre dernière journée à une chasse générale aux oiseaux.

CHAPITRE V

En route pour le Lemek. — Rencontre de Massaïs en guerre. — La maniate abandonnée. — Nous campons près du bivouac d'une troupe anglaise envoyée pour imposer la paix aux tribus belligérantes. — Un commerçant européen en pleine brousse.

De grand matin, pendant qu'on lève le camp, je prends les devants avec mes compagnons suivant les indications de Cuningham qui conduit le safari. Pourtant, sur les instances d'un de nos pisteurs, nous nous en écartons pour suivre les traces laissées par un chariot boer qui a dû passer par ici à la saison des pluies.

Après deux heures de marche sur cette traque, nous rencontrons soudain un couple de superbes outardes. Le terrain, recouvert de buissons très courts mais touffus, étant propice et semblant nous donner une jolie chance d'enrichir notre collection ornithologique, nous nous lançons à leur poursuite.

Malgré tous les moyens en usage pour ce genre de chasse, nous devons pourtant renoncer, après plus d'une heure d'essais infructueux, à atteindre notre rusé gibier, qui conserve toujours entre nous une distance qu'il nous est impossible de diminuer.

Étant donc revenu à mon point de départ, où j'avais dit à nos hommes de nous attendre, je suis fort surpris que ceux-ci m'annoncent d'un air anxieux que notre caravane n'est pas encore passée. Ayant la crainte trop légitime, hélas! d'être en dehors de la route, nous piquons de suite un galop vers une éminence d'où l'on doit découvrir les environs, pendant que nos hommes attendent un signal au cas où nous découvririons le safari.

Malheureusement rien n'apparaît du haut de notre observatoire d'où la vue s'étend pourtant fort loin sur cette désertique contrée.

Je décide malgré cela d'appeler mes hommes, car de l'avis unanime le safari a dû passer à une grande distance au sud-ouest; nous voilà donc perdus dans cette immense plaine. Nous guidant par le soleil d'après le chemin indiqué, nous nous engageons à travers les arides régions qui doivent nous séparer du reste de la caravane. Mais les heures succèdent aux heures et toujours rien ne décèle le passage de notre introuvable convoi. Mes hommes harassés suivent avec peine nos chevaux que nous poussons malgré nous pour nous sortir de l'angoisse qui nous étreint de plus en plus à mesure que le temps s'écoule. Enfin ayant gravi le sommet d'un monticule que nous étions sur le point de contourner, nous avons la joie d'apercevoir au loin une forte poussière au milieu de laquelle nous découvrons par intervalles les wagons de nos Boers.

Hourrah! clament nos nègres, heureux de se tirer à si bon compte de cette pénible situation. Nous déchargeons aussitôt nos hommes de tout ce que nous pouvons prendre sur nos chevaux et partons au galop vers le safari, désireux de sortir plus vite de l'anxiété où nous étions plongés.

Vers une heure, nous rattrapons la caravane devant laquelle caracolent Cuningham et mon préparateur anglais Turner, à qui je raconte notre mésaventure, pendant que nous nous engageons sous les fourrés rabougris d'une forêt qui termine la plaine dans cette direction.

Une heure après, nous faisons halte sur les bords d'une

VERS LE LEMEK — HALTE PRÈS D'UNE MARE

mare dont l'eau permet aux porteurs de se rafraîchir, quoique nos chevaux refusent obstinément d'en boire, tant elle est bourbeuse.

Après notre arrêt, l'aspect du pays ne tarde pas à changer; les arbres deviennent de plus en plus hauts, et de plate, la région devient montagneuse; aussi, au sortir d'un bois, ne sommes-nous pas étonnés de nous trouver dans une jolie vallée, celle de Lemek, à ce que me dit Cuningham. C'est justement dans cette dépression de terrain qui sépare deux importantes chaînes de collines que nous devons faire étape près d'une source que nous atteignons vers 4 heures.

Le lendemain de notre installation au Lemek, nous nous divisons en trois groupes pour chasser dans les environs. Cuningham et moi nous nous dirigeons vers les collines du sud où nous perdons notre journée à poursuivre des Elans (Oreas canna), gibier que nous chassons pour la première fois et qu'il nous est impossible d'approcher. Mon premier préparateur et son frère sont plus heureux et rapportent le soir une nouvelle espèce d'antilope, des Reed Buck, jolies petites bêtes qui vivent ici dans les rochers des montagnes du nord. Quant à mon secrétaire et Turner qui étaient partis dans la vallée pour des recherches ornithologiques, ils rentrent à la nuit avec un succès complet et chargés des oiseaux qu'ils ont abattus.

Sur le conseil de Cuningham nous levons le camp le lendemain pour le porter à l'extrémité de la vallée, où le gibier doit être plus abondant; aussi quittons-nous notre campement de bonne heure pour surprendre, chemin faisant, les gros animaux que nous comptons lever sur notre parcours.

La route que nous suivons est assez bonne et nous allons bon train malgré le sol caillouteux de la contrée.

Après deux heures de marche, pendant que je m'attarde

avec mes deux préparateurs européens à chasser une espèce d'hirondelle extrêmement rare, mon secrétaire, qui monte un de nos chevaux les plus nerveux, prend les devants, ne tardant pas à perdre contact avec nous. Nous ne nous en occupions plus, continuant notre route dans une belle vallée à la végétation luxuriante, quand tout à coup le galop d'un cheval retentit en avant et notre compagnon nous apparaît, laissant percer une émotion qu'il ne cherche du reste pas à contenir.

Il arrête son cheval et me raconte rapidement l'aventure qui vient de lui arriver. Ayant aperçu à trois milles d'ici un groupe de Massaïs en armes, il s'en était approché pensant faire une intéressante photographie, mais quelle ne fut pas sa surprise quand, au lieu des trois hommes à qui il pensait avoir affaire, il se trouva au milieu d'un cercle d'une vingtaine de guerriers armés de lances, de boucliers, de flèches et de lames empoisonnées qui l'avaient entouré en se dissimulant derrière des buissons. A leur allure, leur air hostile et surtout par l'absence de la houpette de plumes d'autruche qui en temps de paix se trouve toujours fixée à la pointe de leurs lances, il comprit que ces indigènes étaient bel et bien en guerre.

Gardant son sang-froid en face des guerriers déjà menaçants, notre compagnon sortit tranquillement son appareil avec son sourire le plus aimable, mais à ce moment, prenant sans doute son vérascope pour une arme, les Massaïs pointèrent leurs lances. Voyant que les choses tournaient mal, Albin fit alors pivoter son cheval et se dirigea carrément sur le point du cercle par où il était venu en lançant un sonore « Soba » (bonjour). Grâce à son énergique attitude, les lances se levèrent à son approche et, sur l'injonction d'un chef, le cercle se rompit pour laisser passage à notre compagnon qui, rebroussant chemin, était venu bride abattue pour

PATROUILLE DE MASSAÏS EN GUERRE

NOTRE CARAVANE EN MARCHE DANS LA VALLÉE DU LEMEK

nous prévenir de ce qui se passait en avant. Dans de telles circonstances, nous décidons d'attendre le safari et je dépêche un de mes préparateurs pour mettre Cuningham au courant de la situation. Une heure après, mon guide arrive et me fait part des renseignements qu'il a lui-même obtenus des Massaïs de cette contrée, dont il a aussi rencontré un parti. Ces sauvages sont en effet en guerre ou plutôt l'étaient il y a quelque temps contre des tribus voisines de la nation Nandy. Cette lutte a même motivé l'intervention du gouvernement anglais qui a envoyé une petite expédition pour mettre fin aux hostilités des deux peuplades, qui se sont calmées à la vue des soldats et des mitrailleuses britanniques.

Cependant, d'après les guerriers rencontrés par mon guide, l'officier chargé de juger le différend a été trompé par les Nandy, qui ont fait condamner à tort les Massaïs à payer comme amende au gouvernement de la colonie un certain nombre de têtes de bétail. C'est sans doute la sanction prise à leur égard qui a indisposé ces belliqueux sauvages contre les blancs et l'état de nervosité dans lequel ils étaient a seul dû motiver l'incident arrivé à mon secrétaire.

D'après ces mêmes hommes, le camp anglais n'est pas très loin d'ici et la direction indiquée est précisément celle vers laquelle marche notre safari. Nous décidons de pousser jusque-là, car la présence de ces Anglais nous enlève toute inquiétude, et nous espérons obtenir par leur chef d'intéressants renseignements sur la faune du pays.

Nous poursuivons donc notre marche, et vers 2 heures atteignons un point où la vallée débouche sur une nouvelle plaine immense mais boisée par endroits. Quelque temps après, en suivant les derniers contreforts des collines qui s'élèvent vers le nord, nous arrivons à une maniate Massaï abandonnée. Les marabouts, aigles et corbeaux semblent en avoir pris possession, car ils pullulent en cet endroit.

Nous mettons aussitôt pied à terre dans le but de tirer les spécimens intéressants qui peuvent se trouver parmi ces oiseaux et pénétrons dans les restes du village, dont le centre est encombré de squelettes d'animaux domestiques. A proximité d'une des principales huttes, un de nous découvre une superbe corne de Kudu (sorte d'antilope très rare) recouverte en partie de la peau d'une queue de lion et percée d'un trou à son extrémité servant d'embouchure. Cet instrument bizarre est cassé vers son milieu comme si on avait voulu le détruire. Intrigué par cette trouvaille, j'en demande l'explication à Cuningham, qui me dit qu'à la suite d'un fléau ou d'une épidémie qui oblige les Massaïs à fuir leur village, le sorcier brise cette sorte de corne d'appel sacrée, pour conjurer les divinités de ne pas poursuivre la tribu hors des ruines de la maniate maudite.

Ayant abattu plusieurs spécimens d'oiseaux rares, nous reprenons la route qui nous conduit vers le soir au camp anglais composé de tentes et de cahutes abritant une centaine d'indigènes du « King African Rifle », sous les ordres d'un jeune officier. Vers le soir nous allons lui rendre visite, mais malheureusement il est absent. Nous ne trouvons qu'un sous-officier qui ne peut nous renseigner sur le gibier de la localité. Cependant, comme il nous dit que son chef est à la chasse, nous décidons de repartir dès demain pour ne pas le gêner. Au dîner, nous avons la grande joie d'avoir enfin une eau merveilleusement pure et fraîche. Aussi, comme c'est la première fois depuis Nairobi, nous la savourons avec autant de plaisir que si c'était du champagne. Mon boy m'explique que la limpidité de l'eau vient de ce que la source est gardée de jour et de nuit par deux soldats qui ont mission de ne pas laisser troubler la petite excavation où on la puise.

MANIATE ABANDONNÉE

MA TENTE AU LEMEK'S CAMP

FORÊTS VIERGES DANS LA VALLÉE DU LEMEK

Nous partons de très bonne heure pour porter notre camp sur les bords de la grande rivière Amala, que nous devons remonter pour étudier la faune qui vit dans les contrées qu'elle traverse entre ce point et la frontière allemande.

La première partie du trajet d'aujourd'hui se déroule à travers la grande plaine, puis le pays change d'aspect et nous pénétrons dans une région coupée de nombreuses petites collines boisées par des essences essentiellement tropicales où les cactus dominent. Notre piste serpente alors dans un véritable labyrinthe qui nous oblige à zigzaguer entre d'énormes buissons propices aux attaques des fauves.

Notre étape est rapidement accomplie et nous nous trouvons vers midi sur les bords de la rivière en question. L'Amala roule à cet endroit ses eaux bourbeuses entre deux berges admirablement ombragées par une végétation fantastique de laquelle s'échappent des nuées d'oiseaux effarouchés à notre approche. Nous descendions tranquillement le cours de la rivière lorsqu'en débouchant au milieu d'une clairière nous découvrons à notre grande surprise une hutte dans laquelle un Européen est occupé à ranger différents objets qu'il semble venir d'échanger avec un groupe de Massaïs. Au bruit que font nos chevaux sur ce terrain caillouteux, l'homme a levé la tête et ne paraît pas moins surpris de recevoir la visite d'un si grand nombre de blancs, que nous de le trouver ici. Ayant mis pied à terre, nous faisons connaissance avec ce grand jeune homme établi ici, seul avec ses chiens, pour effectuer des échanges avec les nomades qui habitent ces contrées. Grâce au stock considérable de denrées de toutes sortes qu'il a amenées dans ce coin perdu, nous pouvons renouveler bon nombre de conserves et combler les vides faits par nos porteurs dans nos approvisionnements de posho, de riz et de sucre.

Cuningham, qui a déjà eu affaire avec cet Anglais dans un autre point de la colonie, en obtient de plus un guide qui nous conduira dans les pays où nous allons continuer notre expédition.

Nous prenons ensuite congé de cet intrépide commerçant et portons notre camp à dix milles de là, en un point qu'il nous a indiqué comme devant être fort profitable à nos recherches.

A cet endroit, un petit incident qui ne manque pas de pittoresque se produit juste comme nous montons nos tentes. A ce moment une antilope des bois, probablement dérangée par des hommes envoyés pour chercher de l'eau à la rivière toute proche, se précipite à travers le camp et une chasse s'improvise parmi les porteurs : casse-têtes, piquets de tente, ustensiles de cuisine voltigent bientôt autour de la malheureuse bête, pendant que nous nous précipitons sur nos fusils, mais la légère antilope a évité par de rapides bonds et crochets la plupart des projectiles. Ayant chargé nos fusils, nous nous élançons à sa poursuite, mais elle disparaît dans la forêt voisine.

CHAPITRE VI

La grande rivière « Amala ». — Chasse aux fauves au « boma ». Nous abatrons un léopard. — Turner et les cynocéphales. — Apparition de la tsé-tsé. — Chasse imprévue d'un rhinocéros. — Poursuite de « Kobs ». — A la recherche des hippopotames. — Un pachyderme qui nous entraîne en pleine forêt.

Pendant cette première nuit de notre séjour sur les rives de l'Amala, le lion nous a réveillés plusieurs fois par des rugissements qu'il a eu l'audace de faire retentir jusque dans les environs immédiats du camp. Aussi dès le petit jour prenons-nous nos dispositions pour monter un « boma » pour la nuit prochaine. A cet effet Cuningham charge deux d'entre nous d'aller à la chasse aux zèbres dans le but de nous procurer les appâts nécessaires, pendant qu'il va s'occuper avec les Boers de l'édification de notre affût.

Mon premier préparateur a la mission de chasser une antilope quelconque pour fournir au camp la viande nécessaire à notre nourriture. Restant inoccupé, je me livre pendant une grande partie de la journée à la chasse aux souis-mangas (oiseaux-mouches) qui sont très nombreux aux environs du camp, en raison des fleurs d'aloès qui y croissent en grande quantité.

M'étant procuré d'intéressants spécimens, je rentre de bonne heure pour faire activer les préparatifs de notre départ pour la chasse afin d'être prêt à partir avant le coucher du soleil.

Vers 5 heures, Cuningham rentre à son tour, bride abattue,

ce qui indique des nouvelles importantes. D'un air quelque peu soucieux, il me dit qu'il revient de l'emplacement où il a fait dresser le boma dans lequel nous devons passer la nuit; mais qu'il craint que ce soit peine inutile, car au lieu d'un zèbre que devaient lui fournir nos deux compagnons, ces derniers lui en ont rapporté quatre et cette chasse ne s'est pas faite sans bruit. Cuningham a bien fait traîner ces quatre zèbres à travers la plaine par les bœufs des chariots, avant de les laisser devant le boma comme il pensait le faire avec un, mais il doute qu'après le vacarme de tant de détonations et devant un tel nombre de gibier au même endroit, le lion ne prenne méfiance et ne nous donne aucune chance de le tirer.

Enfin tout étant prêt, nous décidons de tenter malgré tout cet essai et nous nous mettons en route un peu avant le coucher du soleil. Une heure après, nous sommes devant l'enceinte d'épines qui doit nous servir d'abri, et au milieu de laquelle s'élève un arbre malingre dont les branches servent d'appui au sommet de notre buisson artificiel. Blottis ainsi derrière cette barrière d'épines, nous y sommes certainement aussi bien garantis des fauves que derrière les barreaux d'une cage de fer, mais il n'en serait cependant pas de même si quelque rhinocéros rôdeur venait nous rendre visite.

C'est en effet à peu près le seul ennemi à craindre, car aucun félin ne nous paraît capable de nous déloger de cette cachette bien protégée. Une seule ouverture, sorte de large meurtrière, a été pratiquée en face de l'appât et, à l'exception d'une branche d'arbre mise en travers pour servir d'appui à nos armes, le passage libre est assez grand pour permettre à un fauve de s'engouffrer dans le boma. C'est la place dangereuse qu'il s'agit de garder coûte que coûte, car une attaque n'est à craindre que de ce côté.

VUE DE LA GRANDE RIVIÈRE AMALA

RIVIÈRE AMALA — HABITATION D'UN TRAFIQUANT ANGLAIS

NOTRE GUIDE NANDY

Après avoir renvoyé hommes et chevaux au camp, nous prenons toutes nos dispositions pour passer la nuit de façon à n'avoir plus à bouger une fois installés; le lion vient, en effet, si silencieusement qu'il est absolument indispensable d'être prêt à le tirer sans avoir à faire le moindre mouvement.

L'obscurité ne tarde pas à envahir la plaine peu de temps après le départ de mes indigènes, et les étoiles s'allument une à une dans le ciel extrêmement pur. Le silence s'appesantit alors sur toute la nature, les mouches qui bourdonnaient sur les cadavres des zèbres éventrés se taisent enfin et bientôt seul le cri plaintif et mélancolique de la chouette des terriers retentit à des intervalles réguliers.

Après nous être allongés sur nos couvertures en face de l'ouverture, la carabine et le revolver chargés à portée de la main, nous réglons nos tours de veille. Ayant choisi le premier, je veille seul à l'orifice de l'affût pendant que mes deux auxiliaires se reposent.

Une légère brise s'est levée à la fin de ma garde et souffle dans notre direction, me prouvant que l'orientation du boma est parfaite.

Je réveille à ce moment mon remplaçant et la fatigue se faisant sentir, je ne tarde pas à me livrer aux douceurs d'un sommeil bien gagné.

Vers 10 heures je me réveille; la nuit me paraît encore plus noire; mon chasseur de garde, qui observe les vents et le firmament, me dit qu'il faut encore attendre une bonne demi-heure avant le lever de la lune.

Ne pouvant causer, de crainte de faire du bruit, je m'étends de nouveau et ne tarde pas à me rendormir.

Trois heures plus tard je suis réveillé par mon second chasseur qui vient de me toucher le bras légèrement et qui, un doigt sur les lèvres, me recommande le silence. La lune est déjà haute et éclaire nettement la plaine ; je vais me soulever avec mille précautions pour inspecter les appâts, lorsque l'aboiement des zèbres retentit à une assez grande distance, indiquant que quelque chose d'anormal se passe. En effet, cinq minutes ne se sont pas écoulées que les rugissements de plusieurs lions se font entendre dans des directions différentes. Cuningham, qui s'est réveillé à son tour, écoute avec attention ; ces lions chassent ensemble, nous chuchote-t-il ; ils sont au moins quatre qui poursuivent la troupe de zèbres. Nous percevons bientôt en effet une furieuse galopade dans le lointain.

Le nombre des félins qui chassent nous fait espérer qu'au moins un des lions prendra une des pistes de nos zèbres et que nous pourrons le tirer. Cet espoir augmente chaque fois que les rugissements se rapprochent. Malheureusement, après plus d'une heure d'attente, les lions semblent s'éloigner, car leurs rugissements ne s'entendent presque plus et cessent enfin dans une direction tout à fait opposée à celle de notre boma.

Cette alerte, qui nous a remplis d'une bonne émotion sportive, nous tient aux aguets près de deux heures ; puis, comme aucun félin ne se représente et que le silence retombe sur la plaine, mes deux compagnons se recouchent, me laissant continuer la garde.

Malgré la présence des lions, je me laisse cependant gagner petit à petit par la fatigue et je me surprends bientôt à somnoler. Je lutte pourtant quelques instants encore, mais obligé de rester ainsi sans mouvement, je retombe enfin dans le sommeil. J'en suis brusquement tiré par un bruit tout proche d'os broyés ! Cette fois il n'y a pas de doute ; un fauve est en train de dévorer les appâts. Réveillés en même temps que moi, mes deux compagnons se sont déjà saisis de

PRÉPARATION D'UN BOMA

ALI ET UNE DE SES BELLES CAPTURES

NOTRE « BOMA » SUR LES BORDS DE L'AMALA

leurs armes et tous trois, avec d'infinies précautions, essayons de découvrir le visiteur nocturne. Cuningham l'aperçoit le premier et reconnaissant une hyène, il la chasse à coups de pierres et tout rentre dans l'ordre.

Deux fois encore avant l'aube nous entendons le rugissement des lions, mais il nous semble chaque fois très éloigné.

Cependant, au moment où l'horizon commence à s'empourprer, le grincement rauque du léopard retentit tout près de nous et, avant que nous ayons eu le temps de faire le moindre mouvement, une masse noire s'abat sur les appâts. Le mouvement que nous faisons pour épauler a suffi pour déceler notre présence à notre dangereux gibier qui sans la moindre hésitation se jette sur l'ouverture du boma. Heureusement notre salve arrête net le félin dans son bond, qui vient s'étaler sur les longues épines de notre abri qu'il brise de rage en agonisant.

Nous sortons alors par le derrière du boma et avons le plaisir d'admirer notre superbe victime qui maintenant ne bouge plus, étendue à deux pas de l'ouverture par où elle pensait nous charger.

Quelque temps après, le disque solaire apparaît au-dessus de l'horizon et le flot de mouches recommence à bourdonner; au loin des hardes d'antilopes sillonnent déjà la plaine et de nombreux rapaces arrivent à tire d'ailes, décrivant de larges cercles au-dessus des appâts que nous protégeons contre eux, car nous espérons reprendre l'affût la nuit prochaine.

Une heure après nous apercevons nos hommes et nos chevaux qui viennent nous chercher. Nos boys nous apportent des bidons remplis de thé chaud et quelques biscuits qui sont les bienvenus.

Trois des hommes sont ensuite laissés à la garde des appâts

pendant la durée du jour. Cette précaution est absolument indispensable, car il faut en effet que les zèbres soient garantis, le lion touchant rarement aux restes des autres animaux.

Nous enfourchons alors nos montures et regagnons le camp où on nous attend avec impatience pour connaître les résultats de cette nuit.

Rentrés au camp, nous prenons quelques heures de repos pendant que mon secrétaire, Turner, et mon deuxième préparateur vont explorer la rive opposée de l'Amala. Vers neuf heures nous partons à notre tour faire des recherches entomologiques et herpétologiques, que nous continuons dans l'après-midi. Ce n'est qu'au moment où le soleil en s'abaissant vers l'horizon nous indique qu'il n'est que temps de regagner le camp, que nous abandonnons ces passionnantes études. A notre retour, nous trouvons nos compagnons à qui la chance a souri et qui ont enrichi la collection de quelques rares spécimens. Une aventure assez curieuse est arrivée à Turner, qui avait quitté ses compagnons pour remonter la rivière.

Marchant sous bois, mon chef taxidermiste avait rencontré une troupe de grands babouins, et n'ayant encore préparé qu'un spécimen de ces animaux, il n'avait pas hésité à leur donner la chasse malgré les dangers réels qu'elle présente à cause de la férocité bien connue de ces singes. Ayant pourtant réussi à les amener dans une grande clairière, Turner choisit le moment où toute la bande escaladait un groupe de rochers qui la terminaient pour tirer un des plus beaux de ces sujets. A son coup de fusil toute la troupe lui fit face, poussant des cris terribles et allant même jusqu'à menacer mon compagnon d'une attaque d'où il aurait eu beaucoup de peine à sortir indemne.

Pendant ce temps le blessé, entouré de plusieurs camarades qui semblaient vouloir l'aider à fuir, considérait son ventre atteint par la balle et d'où sortait un lambeau d'intestin. La malheureuse bête, apercevant cette petite proéminence, se mit à tirer dessus de toute la force de ses mains nerveuses, pensant se débarrasser de cette partie de lui-même qui était la cause de toute sa douleur. Mais à force de tirer, une partie des intestins sortit, puis une autre et enfin la totalité des boyaux du pauvre cynocéphale qui semblait se demander d'où venait tout cela. Affaibli pourtant par la perte de son sang, le pauvre singe, après un essai de fuite, au moment où toute la bande se décidait à décamper, roula enfin de rochers en rochers jusque dans un creux où Turner le retrouva.

Abrégeant notre repas que l'histoire de Turner a allongé, Cuningham nous presse de quitter le campement pour nous rendre à notre affût où nous n'arrivons qu'à la nuit. Une brise assez forte souffle à travers la plaine, nous amenant les émanations des zèbres et aussi les mouches qui tourbillonnent encore par millions sur les appâts. Enfin les ténèbres calment l'activité de ces insectes peut-être empoisonnés par la viande corrompue dont ils se sont gorgés pendant les heures chaudes. Mais vraiment nos jouons la malchance; en effet une heure ne s'est pas écoulée depuis que nous sommes installés, que mes deux compagnons se plaignent de douleurs au ventre et bientôt de démangeaisons terribles sur tout le corps. Nous devons pourtant rester dans notre boma, car le lion se fait entendre à plusieurs reprises.

Malgré cela le roi des animaux ne daigne pas encore nous rendre visite et, seul, un chacal s'approche des zèbres durant une de mes veilles.

Au matin mes camarades se trouvent mieux, principalement Cuningham qui a un tempérament de fer. Suivant les ordres de ce dernier, la caravane vient tout entière à notre rencontre, car nous avons décidé hier soir de porter notre camp plus au sud et la route qu'elle doit suivre passe près de notre boma. Vers 7 heures, la tête de la colonne débouche dans la plaine, précédée de nos compagnons qui galopent à notre rencontre, tenant nos chevaux en main.

Nous les mettons au courant de la terrible nuit que nous venons de passer et nous cassons rapidement la croûte.

Mon secrétaire me dit qu'il croit que le malaise dont ont souffert cette nuit plusieurs d'entre nous, étant donné qu'il y a eu d'autres cas au camp, doit provenir d'un énorme poisson pêché dans l'Amala, car seuls ceux qui en ont mangé, hier, ont été indisposés et les autres n'ont rien eu.

La longue file de nos porteurs nous ayant dépassés pendant notre repas matinal, nous devons faire diligence pour reprendre la direction de la caravane.

L'étape d'aujourd'hui est particulièrement pénible, car pour suivre la rivière nous devons traverser des endroits fourrés à travers lesquels nous sommes obligés de faire abattre les arbres qui gêneraient le passage des chariots qui nous suivent. Nous devons pour cela être constamment en avant, pour indiquer à une équipe de noirs, armés de haches, le chemin à déblayer.

Le soir, nous faisons halte dans une clairière proche du cours d'eau; le pays semble riche en gibier, aussi sommes-nous heureux d'apprendre par notre guide Nandy que demain la sente sera assez bonne pour ne pas avoir à continuer notre métier de bûcherons, ce qui nous permettra de chasser au cours de la route qui doit nous conduire à l'endroit le plus propice à nos recherches.

Au petit jour, nous nous mettons en marche, car l'étape est longue et la chaleur augmente à mesure que nous nous abais-

RÉGION FORESTIÈRE SUR LES BORDS DE L'AMALA

LA GRANDE RIVIÈRE AMALA

sons en altitude en descendant le cours de l'Amala. Le paysage est très pittoresque; notre sentier, qui n'est en réalité qu'une suite de passages de gibier, serpente continuellement entre d'épais fourrés.

A un moment nous dominons la rivière, vers laquelle nous obliquons et qui coule au milieu d'une végétation folle d'où émergent, de-ci de-là, des grands cocotiers qui semblent étouffés par les arbres et les lianes qui les enserrent. A terre, une flore merveilleuse recouvre le sol et l'air est imprégné de vapeurs odoriférantes aux places ombragées et humides. Notre passage ou plutôt celui de nos wagons ne nous permet pas malheureusement de suivre la rivière sur ses bords immédiats et ce n'est que pendant un court instant que nous traversons un coin de ces magnifiques endroits.

Un peu plus loin, nous revoyons l'Amala à un emplacement rocheux où elle se divise en mille ruisselets sinueux où l'eau retombe en jolies petites cascades, puis le cours de la rivière disparaît à nouveau au milieu des forêts pour reparaître par moment entre des bancs de sable et les hautes racines des arbres qui la bordent.

Vers 8 heures, ayant passé le contrefort montagneux qui nous obligeait à nous rapprocher du cours d'eau, nous reprenons la plaine qui offre plus de facilité à la marche des wagons, laissant à l'est une suite de collines qui semble obstruer l'horizon derrière une barrière d'acacias qui s'élèvent sur notre gauche.

Depuis quelques instants nous sommes très inquiets, car Jean, mon premier préparateur, vient de tuer un curieux taon au moment où il se posait sur l'encolure de son cheval, et me l'ayant montré, j'ai reconnu un insecte d'un genre voisin aux Glossina, c'est-à-dire une Tsé-Tsé.

Si ces mouches sont abondantes, nous allons être forcés

de renvoyer de suite chevaux et bœufs en arrière, car une mort certaine les attend s'ils doivent rester en butte aux attaques de ces dangereux diptères.

La tsé-tsé est un des fléaux de l'Afrique centrale et sa rencontre un des plus sérieux obstacles que l'on puisse imaginer en caravane. Sa piqûre tue en quelques jours les bœufs et les chevaux les plus vigoureux et nombre de voyageurs se sont vus dans l'obligation d'abandonner la majorité de leurs bagages, par suite de la perte totale de leurs attelages décimés par ce terrible insecte. De plus, une variété de tsé-tsé, qui habite la province, inocule à l'homme le trypanosome de la maladie du sommeil. La présence d'un semblable ennemi est donc une sérieuse menace pour nous. Cependant, au dire des naturalistes, la tsé-tsé ne vit d'ordinaire qu'à l'ombre, dans les lieux humides, où elle se cantonne de préférence dans le voisinage du gros gibier.

J'espère donc, maintenant que nous voilà en plaine, que la mouche dangereuse ne nous atteindra pas; nous laisserons en tous cas nos chevaux en lieu sûr si nous sommes appelés à visiter certaines parties de la contrée où peut régner ce danger.

Nous redoublons cependant de vigilance depuis la première apparition de l'insecte dont Jean a été victime, mais ne revoyant pas de mouches après plusieurs heures de marche, nous nous considérons enfin comme définitivement débarrassés de cet ennui.

Ayant levé en bordure d'un bouquet d'acacias plusieurs antilopes de très petite taille appelées « Stein-bucks », je m'attarde à les chasser et en abats une que je m'apprêtais à dépouiller, lorsque j'aperçois Cuningham qui arrive vers moi au galop, me faisant signe d'accourir. Je me porte alors à sa rencontre et nous sommes bientôt à portée de voix : « Un

AMALA RIVER

PASSAGE DE GIBIER

SOUS-BOIS

rhinocéros est en vue, me crie-t-il; j'ai voulu vous garder l'honneur de l'abattre, venez vite. »

Échangeant aussitôt ma carabine légère contre ma 500 que porte justement mon gunbearer, je m'empresse d'aller rejoindre mon guide qui est reparti à un train d'enfer. Nous passons quelques instants après la masse des porteurs qui, à l'annonce du pachyderme, se sont déchargés pour pouvoir mieux fuir en cas de besoin. La tête de la colonne s'est même couchée à terre de crainte de donner l'éveil à l'animal.

A cent mètres de notre avant-garde, nous trouvons mon secrétaire et un de mes préparateurs qui surveillent les environs pour protéger le convoi le cas échéant. A ce moment nous mettons pied à terre et partons avec des pisteurs qui nous attendaient.

Mon traqueur Matibo et celui de Cuningham ne tardent pas à prendre la piste de l'animal aperçu par mon guide et qui s'est enfoncé à travers un bois épineux. Malheureusement le sol est tellement sec que malgré la sagacité de nos hommes nous perdons bientôt ses traces. Nos pisteurs escaladent alors un arbre qui domine la contrée, espérant découvrir notre gigantesque gibier, mais rien n'apparaît au milieu de la rare végétation de la plaine. Le vent n'étant pas propice, la bête nous a éventés et a dû s'enfuir. Nous revenons alors vers le safari, contrariés d'avoir manqué cette belle occasion.

La chaleur est maintenant torride, car il n'est pas loin de midi. Nous traversons une zone rocailleuse qui nous sépare d'une nouvelle plaine semblable à celle où se trouvait le rhinocéros. Mon secrétaire, qui chevauche alors à mon côté, me fait observer la similitude des deux endroits et ajoute en riant : « Faites attention : il y en a peut-être un autre. » Au même instant son gunbearer, qui nous précède, s'arrête tout à coup et indiquant une partie d'un petit bois d'acacias, s'écrie : « Faro, yié, Faro. » Nous apercevons instantanément une énorme masse grise qui s'avance entre les arbres qui se brisent sur son passage. Quelle aubaine! Nous ne sommes pas longs à sauter à terre et laissons les chevaux à nos compagnons. Cuningham et moi marchons vers l'animal, qui ne manifeste aucune impatience; il paraît au contraire bien rassuré et tranquille. Peut-être s'agit-il du même aperçu quelques heures auparavant. Profitant de chaque aspérité de terrain pour nous cacher, nous sommes bientôt à courte distance de la bête; j'épaule alors mon arme, mais Cuningham, qui est à côté de moi, me souffle : « Attendez, il n'est pas assez de côté. » Le rhino se retourne alors brusquement, puis rentre sans se presser dans le bois où nous le suivons sur un assez long parcours.

Au moment où il se présente de flanc, je lâche mes deux coups de carabine. Le pachyderme, sous le coup de la douleur, s'arrête raide, cherchant à comprendre ce qui lui arrive, mais Cuningham ne voyant pas la bête s'écrouler, bien que sérieusement atteinte, tire à son tour, cherchant à lui briser une jambe, mais celui-ci fait un mouvement et la balle va se perdre dans le sol, soulevant un petit nuage de poussière.

Le rhino s'élance alors droit devant lui, brisant tout ce qui lui résiste. Cuningahm tire à ce moment sa seconde balle sur l'animal qui nous présente la croupe, puis nous nous précipitons à sa poursuite. Dans une clairière le rhino s'est arrêté et semble nous attendre. Nous en profitons pour le doubler à nouveau. L'énorme pachyderme, nous éventant enfin, se décide à faire face, mais, avant d'avoir parcouru une vingtaine de mètres, s'abat sur le sol, succombant à ses nombreuses blessures.

Nous appelons aussitôt nos hommes qui vont prévenir le

MON PREMIER RHINOCÉROS

DÉPEÇAGE DU RHINO

safari pendant que nous contemplons notre gigantesque victime.

La caravane nous rejoint quelque temps après; les porteurs déposent leurs charges, et sous la direction de Cuningham et de Turner le dépouillage commence.

Cet arrêt nous permet de prendre avec mes compagnons un léger repas à l'ombre d'un mimosa.

A quatre heures le dépeçage est assez avancé et nous répartissons la peau et les os du rhino entre les porteurs qui doivent les transporter jusqu'aux chariots que Cuningham a fait arrêter pour charger notre trophée. Nous reprenons ensuite notre marche dans une région de plus en plus boisée, mais toujours coupée par de grandes clairières où le gros gibier abonde. Nous n'avions jamais vu tant d'antilopes; à tout instant, ce sont des hardes d'élans, de topis, de bubales, d'impallas, de water-bucks, etc... qui s'échappent à notre approche.

Au coucher du soleil nous atteignons le point où nous devons établir le camp, qui se monte aussitôt sous l'œil vigilant de mon guide, et la préparation du rhino est notre premier travail.

Pendant la nuit, j'ai été réveillé plusieurs fois par un raclement sonore qui retentissait dans la direction de la rivière; aussi dès le matin j'en informe Cuningham qui me dit l'avoir également entendu; il pense que le bruit provenait d'un hippopotame.

De très bonne heure nous partons à la chasse, laissant mon guide s'occuper du pachyderme qui a troublé notre sommeil. Jean, mon premier préparateur, et moi allons à la recherche des Kobs dont nous n'avons pas encore de spécimen, mon secrétaire et mon deuxième préparateur à celle des Élans, Topis, Ouribis et Impallas.

En longeant les bords de la rivière nous relevons les traces fraîches de Water-bucks, que nous suivons aussitôt. La piste nous entraîne dans la direction où j'ai tué hier mon rhino, mais l'abondance même du gibier nous gêne. Des légions de gazelles ou de zèbres partent de tous côtés à notre approche et effrayent le gibier choisi que nous poursuivons. Ce n'est que vers midi qu'au milieu des arbres les hautes silhouettes noires de nos kobs se dessinent dans la pénombre du sous-bois. Ayant arrêté notre choix sur les deux spécimens qui nous semblent les plus beaux, nous pressons la gâchette.

Une des bêtes est mortellement atteinte et se débat à terre, le reste de la bande s'élance sous bois où nous les suivons pendant qu'un de nos pisteurs se charge de saigner l'antilope abattue.

Des traces de sang nous indiquent bientôt que l'autre kob n'a pas été non plus manqué, mais nous devons encore parcourir un bon mille avant de le retrouver étendu à terre.

A notre approche la farouche antilope trouve pourtant la force de se relever, mais une dernière balle de mon adroit collaborateur la couche à nouveau. Jean tire alors son couteau et se prépare à la dépecer quand, soudain, sans que rien puisse nous le faire prévoir, la bête, dans un dernier sursaut, se jette sur mon compagnon. Heureusement les longues cornes de l'antilope manquent leur but et la bête râlante retombe définitivement à terre. Mon compagnon l'a échappé belle, car sa botte et sa culotte sont déchirées sur une grande longueur et il s'en est fallu de peu qu'il ne soit éventré. Au dernier coup de fusil nos hommes nous ont rejoints, et nous en envoyons une partie porter nos deux water-bucks au camp.

Encouragés par ce merveilleux résultat, nous continuons notre chasse en nous dirigeant vers l'endroit où j'ai abattu

BORDS DE L'AMALA

ÉTANG TRAVERSÉ PAR MON HIPPO LORS DE SA POURSUITE

mon rhino, qui maintenant est tout proche, et où nous espérons trouver quelques intéressants animaux occupés à en dévorer la carcasse. Le gibier est toujours très abondant et chemin faisant il nous est facile d'abattre un beau spécimen de topi ainsi que deux impallas, dont la mienne porte de magnifiques cornes qui ne doivent pas être éloignées du record.

Un peu avant le coucher du soleil nous parvenons dans la clairière, où une nuée de marabouts se disputent les derniers lambeaux de chair qui restent attachés au squelette de mon rhinocéros. Aucun autre animal n'est en vue, sauf un petit chacal qui rôde aux alentours, mais il est temps de songer au retour et nous n'atteignons le camp qu'à la nuit. Mes compagnons n'ont pas non plus perdu leur temps et ont rapporté entre autres deux topis, un Reedbuck et une femelle de Kob bien en peau. Voilà donc de quoi faire pour les taxidermistes.

Debout dès quatre heures du matin, nous partons, Cuningham et moi, à la chasse à l'Hippopotame, toujours guidés par notre Nandy à qui nous avons adjoint nos traqueurs Kongoni et Matibo.

Nous suivons d'abord les bords de l'Amala d'assez loin pour hâter notre marche, puis nous nous rapprochons de ces rives où l'aube nous surprend scrutant les clairières où notre gibier peut encore être au pacage, ou cherchant dans les passages d'hippopotames une piste fraîche de la matinée. Nous marchions ainsi depuis une bonne heure quand un raclement prolongé nous apprend la présence de notre gibier; nous nous glissons aussitôt vers la rivière à travers l'inextricable fouillis des plantes tropicales dont les épines nous écorchent les mains et les jambes. Enfin, après avoir traversé les derniers buissons, nous découvrons le cours d'eau serpentant entre des bancs de sable; sur l'un d'eux un énorme hippopotame marche lentement. Au craquement d'une branche sèche qui casse sous mon poids, le pachyderme lève brusquement la tête et pivote avec une agilité à laquelle j'étais loin de m'attendre; je n'ai que le temps de lui envoyer mes deux coups de carabine avant qu'il s'élance à travers les taillis de la berge opposée. Nous nous précipitons aussitôt sur la piste, pour nous rendre compte si la bête est sérieusement blessée, et ne tardons pas à relever de larges taches de sang sur le sable, puis sur les buissons de la berge que nous venons d'atteindre après avoir passé l'Amala, qui n'a ici qu'un mètre trente à un mètre cinquante de profondeur.

Nous partons ensuite sur la piste qui s'enfonce à travers bois. La hauteur de la blessure nous fait bien espérer avoir notre pièce, mais la vigueur de l'animal nous entraîne loin. Jamais encore nous n'avions parcouru d'aussi jolis endroits, on se dirait par moment dans un des fourrés d'un des superbes parcs botaniques de Ceylan ou de l'Inde. A un moment l'hippo s'est jeté dans un petit lac couvert de nénuphars et d'une sorte de lotus, où nous pensons qu'il s'est caché, mais bientôt un de nos hommes annonce la continuation de la piste hors de cette étendue d'eau. Nous marchons ainsi des heures à la poursuite du pachyderme, qui a été jusqu'à sortir en plaine pendant quelques instants, pour rentrer à nouveau dans des fourrés marécageux où nous avons grand mal à le suivre. Enfin, vers trois heures, harassés et trempés, nous atteignons un petit étang où un de nos hommes aperçoit l'animal. Nous nous glissons alors vers lui entre les herbes et j'ai la joie d'abattre d'une dernière balle notre énorme gibier. L'eau étant peu profonde, nous arrivons facilement à tirer la bête jusqu'à la rive pour procéder au dépeçage. Je

L'HIPPO ENFIN ABATTU EST TIRÉ A TERRE

UNE BELLE PIÈCE

laisse ensuite les hommes à leur ouvrage et pars avec Cuningham par le chemin le plus direct pour regagner le camp, car une équipe de renfort que le Nandy accompagnera sera nécessaire à nos pisteurs qui dirigeront le coltinage des parties choisies du pachyderme.

La seule difficulté que nous trouvons au retour est le passage de l'Amala; partout nous nous heurtons à une eau profonde et infestée de crocodiles. Ne pouvant pour la dernière raison nous mettre à l'eau, nous nous mettons à la recherche d'un pont naturel comme il s'en trouve souvent dans ces épaisses forêts, et découvrons enfin un arbre de l'autre rive qui est tombé dans l'eau et étend ses branches jusqu'à quelques mètres de celle de notre côté. Nous rentrons donc dans la rivière malgré l'appréhension de nous voir menacés par un petit crocodile qui en un bond prodigieux de plusieurs mètres a plongé à notre approche. Ayant atteint l'arbre mort nous avançons en nous cramponnant aux branches; malheureusement à un moment mon pied glisse et perdant l'équilibre je m'enfonce dans l'eau, au-dessous de l'arbre que je n'ai pas lâché.

Je dois ensuite faire une gymnastique fort pénible pour rattraper une autre branche qui me permet de reprendre ma stabilité. Quelques instants après, nous sommes sur l'autre bord et regagnons le camp à temps pour donner nos ordres.

J'envoie aussitôt trente porteurs munis de plusieurs lanternes et deux skinners qui vont rejoindre nos pisteurs. Je fais ensuite le récit de la journée à nos compagnons qui ont eu, eux aussi, quelques succès dans l'exploration d'une partie de l'Amala en aval du camp. Ce n'est que fort tard que nos hommes rentrent, rapportant la dépouille de l'hippopotame, dont Turner va s'occuper.

Les jours suivants sont employés à rayonner aux environs et à visiter les abords de la rivière.

La faune est en effet fort riche, et je tiens à rapporter, avec nos observations biologiques, des matériaux nombreux qui permettront d'intéressantes études à tous les points de vue zoologiques.

Parmi les antilopes de cette région boisée se trouvent, je crois l'avoir dit, de nombreuses impallas dont une grande partie sont atteintes de cécité. Intrigué et ne pouvant m'en expliquer la cause, j'obtiens de mon guide la raison de cette infirmité qui provient de deux causes tout à fait différentes. La première est due à la graine d'une plante qui, à une certaine époque, détruit le sens ophtalmique lorsqu'elle s'introduit dans l'œil. La seconde, aux épines acérées des mimosas nains contre lesquels elles se jettent pendant la nuit, quand elles se sentent poursuivies par les fauves.

Dans une région aussi giboyeuse, nos pièges devaient naturellement nous donner d'intéressantes captures; aussi un matin, en relevant mes trappes, je trouvai un joli guépard pris par une patte à un de nos pièges américains.

La jolie bête, heureusement encore jeune, accepta sa nourriture après quelques heures de captivité, et mon premier préparateur s'occupant lui-même d'elle, j'espérais bien alors la ramener en Europe.

AU CAMP DE L'AMALA

PIÈGES NATIFS

PRISE D'UN SERVAL

CAPTURE D'UN RAT GÉANT

CHAPITRE VII

En route vers Narossera. — Poursuite infructueuse de deux lions. — Albin s'égare en recherchant les fauves. — Notre camp est attaqué la nuit par plusieurs lions — Nouvel arrêt au Lemek pour atteindre Salt-Marsh. — Nous surprenons deux rhinocéros — Chasses fructueuses aux élans.

Ayant suffisamment fouillé presque toute la région, et la première partie de notre programme étant ainsi épuisée, nous décidons de nous rendre à un autre point de la limite sud du Massaïland anglais, le long des rives de la Narossera qui coule plus à l'est. Pour rejoindre ce cours d'eau, deux itinéraires peuvent être suivis; l'un longe la ligne de démarcation du protectorat anglais, traverse la plaine désertique et contourne au sud le massif d'Osubugo Loitaï; l'autre retourne, par le même chemin que nous avions parcouru en venant, jusqu'à Salt-Marsh, puis se dirige vers les monts d'Osubugo Loitaï qu'il contourne au nord, puis à l'est pour atteindre la Narossera près de sa source. Après une courte discussion, nous choisissons la deuxième route en raison de nos chariots que nous ne pourrions emmener par la première, le pays à traverser étant infesté de tsé-tsé et les points d'eau étant très douteux.

Dans les premiers jours de février, nous quittons donc notre dernier camp sur l'Amala. Cuningham et moi prenons la tête de la caravane, guidés par le Nandy, qui va nous faire passer par un raccourci devant, paraît-il, nous faire gagner une demi-étape. Comme les jours précédents, le gibier est abondant et fuit à l'approche du convoi; pour cette raison, nous laissons à Turner le soin de diriger le safari et partons en avant.

Cependant nous ne découvrons pas d'animaux nouveaux dans la première partie de la marche, et aucune occasion ne se présente pour brûler une seule cartouche.

Vers 10 heures, quittant enfin la plaine où nous grillons depuis dix milles, nous pénétrons dans une région rocheuse mais assez bien boisée. La sente que nous suivons est assez étroite, mais les gros buissons qui la bordent ne sont pas un obstacle pour nos wagons qui en ont vu bien d'autres.

Nous cheminions ainsi depuis quelques instants, quand tout à coup notre Nandy, qui nous précède de quelques pas, se jette à travers les buissons, nous faisant signe de le suivre. Piquant des deux, nous nous élançons à sa suite et Cuningham qui m'a devancé a vite fait de le rejoindre. Derrière une ligne d'arbustes assez touffus, nous distinguons, sur les indications du Nandy, deux masses jaunâtres immobiles qu'il nous désigne en disant : « Simba, m'billi, Simba » (lion, deux lions). A ces mots nous avons saisi nos carabines, mais les sauvages félins ne nous donnent pas le temps de nous en servir et en quelques bonds rapides ils disparaissent, fuyant de buisson en buisson.

La poursuite s'organise de suite et nous galopons pour charger les deux fuyards. Malheureusement le terrain n'est pas propice à ce genre de chasse et nous les perdons bientôt de vue.

Revenant alors à notre piste, nous retrouvons nos compagnons sauf mon secrétaire Albin, qui vient de partir à la recherche d'un léopard que nos galopades au retour ont sans doute rabattu.

Les préparateurs, Jean et Turner, me disent que la poursuite que nous venons d'entreprendre a eu pour effet de faire

AMALA

BROUSSE DANS LA RÉGION DE L'AMALA

UN COIN DE RIVIÈRE EN AVAL DE NOTRE DERNIER CAMP
SUR CE COURS D'EAU

défiler devant leurs yeux un nombre considérable de gibier. *A very interesting view for a cinematograph*, ajoute ce dernier en riant ; quel dommage que nous n'ayons pas un semblable appareil !

Nous continuons ainsi notre marche, n'arrêtant que les quelques instants nécessaires à notre repas de midi. Vers 5 heures nous atteignons la cabane de l'intrépide commerçant anglais qui nous a prêté notre Nandy. Ce dernier avait donc raison de dire que son chemin abrégeait considérablement la route, car nous avons certainement gagné près de 12 milles sur celui de l'aller.

N'ayant aucune nouvelle d'Albin, nous avons envoyé, dès notre arrivée, des hommes à sa rencontre, car nous craignons fort qu'il se soit égaré, malgré ses gunbearers.

Au coucher du soleil, le jeune marchand vient nous rendre visite, nous donnant encore quelques conseils concernant nos prochaines étapes, puis il nous quitte au moment où mon secrétaire rentre au camp. Le malheureux est fourbu et tombe d'inanition ; il nous conte son aventure pendant le dîner.

Après avoir poursuivi inutilement pendant une heure son léopard, ou plutôt son guépard, car c'était à un de ces animaux à qui il avait affaire, Albin, qui était à pied, s'était trouvé, au moment où il y pensait le moins, à quelques mètres de deux lions de belle taille, probablement les mêmes que nous avions chassés.

Sérieusement surpris par l'apparition soudaine des fauves, il les avait, comme nous, laissés s'échapper, puis s'était élancé à leur poursuite, apercevant de temps à autre son gibier qui avait fini par l'entraîner dans une épaisse forêt. Les pisteurs s'embrouillèrent alors si bien qu'ils errèrent plusieurs heures sans retrouver leur direction, le chasseur suivant son guide le doigt sur la gâchette de son arme, épaulant chaque fois qu'un bush-buck sortait d'un buisson voisin en croyant avoir affaire aux lions. Enfin, grâce à son initiative, il arriva à retrouver les traces du passage du safari ainsi que le cheval et les boys que nous avions envoyés à sa recherche.

De la cabane de l'Anglais nous gagnons en une journée le camp militaire, où nous arrivons à la nuit.

La troupe anglaise est au complet et garde un formidable troupeau de bétail pour lequel l'officier a fait faire un enclos d'acacias épineux qui le met en sûreté contre les fauves.

Le chef du détachement n'est pas encore là à notre arrivée, attardé probablement par un gibier difficile.

A la lueur des feux, nos tentes se montent et bientôt le petit village que forme notre camp se dresse entre les cahutes des soldats et le bivouac de nos Boers qui ont attaché leurs bœufs à leurs chariots rangés en cercle.

Nos tentes, placées en ligne, font face à un fourré d'acacias d'une assez grande hauteur et devant lequel un Askari de garde prépare un bon brasier pour la nuit.

Immédiatement derrière nos tentes, Cuningham a fait entraver nos chevaux comme à l'habitude. La tente de cuisine et celles des boys et pisteurs les séparent encore du reste du camp, qui s'étend irrégulièrement jusqu'à un autre feu où veille une sentinelle.

Après dîner, fatigué par la marche de la journée, je me couche de bonne heure, laissant Cuningham, Albin et Turner s'occuper du catalogue des collections que ce dernier doit tenir à jour.

Mais une heure ne s'est pas écoulée, que le grondement d'un lion se fait entendre tout proche.

A en juger par la lueur qui pénètre à travers ma tente, l'Askari de garde attise son brasier.

Voyant que l'homme faisait bonne garde, je m'apprêtais à m'endormir lorsque des rugissements s'élèvent à nouveau, mêlés aux aboiements du chien des Boers.

Un court silence se fait ensuite, puis au milieu des cris des fauves qui rôdent autour de nos attelages, deux coups de feu retentissent, me faisant sauter cette fois de ma couchette pour secourir nos wagonniers contre l'audace des félins.

Hors de ma tente, je retrouve mes compagnons en armes qui se préparaient à rejoindre les Boers. Cependant, comme le calme a succédé aux détonations des carabines, Cuningham préfère que nous restions au camp pour le protéger en cas d'attaque.

Nous nous réunissons alors autour du feu, car la nuit est froide, et causions depuis quelques instants quand de nouveaux rugissements nous parviennent de derrière la ligne de nos tentes.

Des cris humains se confondent cette fois à ceux des terribles bêtes; il n'y a pas de doute, les lions nous attaquent.

Nous nous élançons aussitôt à travers le camp dans la direction où le bruit semblait dénoter qu'une effroyable lutte se passait entre nos malheureux nègres et les fauves.

Mais la panique s'est emparée des porteurs; abandonnant leurs tentes, ils se précipitent vers nous, terrorisés, demandant notre protection. Sur le conseil de Cuningham, nous nous plaçons à chaque coin du camp, fouillant des yeux l'obscurité pour apercevoir les lions qui continuent à gronder. Pendant ce temps mon guide enquête sur les cris de tout à l'heure et apprend que notre cuisinier a manqué d'être happé par un lion qui a traversé le camp derrière la première ligne de tentes. L'homme n'a eu que le temps de se jeter sous l'une d'elles, dont les occupants, pris d'une terreur folle, poussèrent de tels cris que le fauve, qui n'était qu'à quelques mètres de nos chevaux, s'en éloigna. Nous nous gardons ainsi près d'une heure contre une nouvelle attaque, toujours imminente, tirant en l'air au fur et à mesure que les rugissements semblent se rapprocher, et dans le but d'effrayer les fauves dont le nombre paraît avoir augmenté.

Après un temps de silence, les lions se font de nouveau entendre, mais cette fois dans la direction du camp militaire, dont la sentinelle donne l'alarme ; quelques minutes se passent, puis, au milieu des grondements, une mitrailleuse crépite.

Un grand calme a suivi le feu répété de la « Maxim » et les fauves se décident cette fois à se retirer, car au loin seulement un dernier rugissement retentit encore.

Nous rentrons alors dans nos tentes, laissant la garde à six de nos Askaris.

Pendant notre repas matinal, la question de l'attaque des lions revient, bien entendu, dans la conversation. Cuningham, qui est debout depuis 4 heures, a fait une visite à l'officier. Ce dernier, paraît-il, a tué avant-hier un lion de la bande qui nous a tourmentés pendant la nuit. Il lui a raconté que, pendant que les fauves tournaient autour de notre camp, deux de ses hommes préparaient dans une hutte la peau de son félin, quand tout à coup quatre lions s'étaient jetés au milieu de la case, attirés probablement par l'odeur de leur camarade. Les deux préparateurs n'eurent que le temps de s'élancer sur le toit pendant qu'une sentinelle prévenait l'officier. On voit donc que nous n'avons pas été les seuls hier soir à avoir des émotions.

La hardiesse de ces lions nous incite à tenter un affût la nuit prochaine, au lieu de lever le camp comme nous en avions l'intention. Cuningham prend donc ses dispositions pour dresser un nouveau boma.

BOMA PRÈS DU CAMP MILITAIRE

NOTRE CAMP LORS DE L'ATTAQUE DES LIONS

Au soir, nous rentrons avec quelques bons spécimens d'oiseaux, mais un orage, je devrais dire une trombe d'eau, s'abat sur la contrée au coucher du soleil, transformant la plaine en un vaste marécage où nous barbottons dans une boue immonde. La pluie continuant à tomber, nous devons rester au camp et remettre notre chasse au lendemain.

Le soir suivant, après une belle journée dont le soleil a séché les terres assoiffées par la saison sèche qui vient de finir, nous quittons le camp pour nous rendre à notre affût. La nuit est tombée depuis longtemps quand nous atteignons le boma, et à peine y sommes-nous entrés qu'un rugissement lointain nous annonce que les lions chassent déjà en plaine.

Comme la nuit doit être sans lune à cette époque, l'appât a été placé sur un petit monticule où sa silhouette se détache sur le ciel à moins de quinze mètres de notre affût; à cette distance nous pouvons éclairer facilement notre champ de tir au moyen de nos petites lampes électriques de poche, si cela devenait utile.

Nous réglons nos tours de garde, puis nous nous enveloppons dans nos couvertures, la carabine déjà placée dans la direction où nous attendons notre dangereux gibier.

Malheureusement les heures passent sans que le moindre rugissement décèle la présence des lions et au petit jour, un peu découragés, nous reprenons le chemin du camp. Nous marchions ainsi depuis une petite demi-heure et apercevions déjà nos tentes quand une troupe de vautours s'élève tout à coup au-dessus d'un buisson voisin.

Étonnés de voir ces oiseaux à un endroit où nous n'avions remarqué aucun reste d'animal, nous faisons un petit crochet pour nous rendre compte de ce qui attire les rapaces. Sur ce point nous découvrons, au milieu de l'enchevêtrement des branches qui ont été brisées, les restes d'un bubale dont la tête est restée intacte. Le corps manque en partie, dénotant la force de l'animal qui en a fait sa pâture. Du reste les empreintes relevées sur le sol ne laissent aucun doute. Un lion a tué cette nuit l'antilope entre le camp et nous. Encore une belle occasion de manquée.

Peu de temps après, nous réintégrons le camp qui est déjà complètement démonté en vue de notre départ pour la vallée du Lemek, que nous atteignons dans l'après-midi.

Pendant la marche de la caravane j'ai eu la chance d'abattre, en fin d'étape, un beau mâle d'élan que j'ai surpris au sortir d'un bois. Quant à Cuningham, il a tiré un zèbre qu'il a laissé à la place où il l'a abattu, pour qu'il nous serve d'appât; il restera ainsi toute la nuit et nous nous glisserons vers lui au petit jour, espérant trouver un lion en train de le dévorer.

Ne pouvant perdre tout notre temps après ces introuvables félins, nous avons en effet décidé de tenter ainsi la chance chaque matin. Ce genre de chasse donne du reste d'assez bons résultats, d'après ce que dit mon guide.

De très bonne heure je me rends avec Cuningham et Jean vers le zèbre en question. Marchant à la file indienne, nous approchons bientôt du but, mais la lumière encore diffuse de l'aurore ne nous permet pas de bien distinguer les objets, et, en approchant, il nous semble voir une masse sombre derrière l'appât. Nous redoublons alors de précautions, le cœur serré par la joie de surprendre enfin notre gibier et aussi, pourquoi ne pas le dire, un peu émotionnés de nous trouver pour la première fois en face de notre redoutable adversaire.

Tantôt rampant, tantôt nous défilant derrière les accidents du terrain, nous arrivons enfin à la dernière ligne de buissons d'où nous pourrons tirer. Mais à ce moment, quelle n'est pas notre déconvenue en reconnaissant que la masse noirâtre n'est qu'une... termitière. Le zèbre n'a pas été touché et pas même un chacal n'a daigné lui rendre visite; encore une fois bredouilles, nous revenons vers la caravane prête à se mettre en route pour Salt-Marsh.

A la tombée de la nuit nous atteignons l'emplacement de notre ancien campement, où nous réédifions nos abris pour plusieurs jours.

L'un de nous a tué une bête intéressante en quittant le Lemek; il s'agit d'un bubale de Neumann. Cette antilope semble en effet cantonnée dans cette vallée, car nous ne l'avons aperçue ni par ici, ni du côté de l'Amala, et nous considérons cette capture comme excellente puisque nous ne serons plus à même d'en rencontrer de semblables.

Mon secrétaire rentre tard au camp, mais avec une nouvelle qui me remplit de joie : un rhinocéros lui a été montré dans la plaine par les indigènes d'un village Massaï où il était entré pour faire des photographies. N'ayant qu'une carabine de petit calibre, il n'a pas osé attaquer le pachyderme et s'est contenté de repérer exactement l'endroit, pour me l'indiquer.

A 4 heures du matin, nous partons, Cuningham, Jean et moi, à la recherche du rhino aperçu hier à la sortie de la vallée du Lemek.

Le chemin est fort long pour atteindre le point où la bête a été vue, mais heureusement la fraîcheur matinale nous permet de marcher bon train.

Vers 9 heures, le gunbearer qui nous guide et qui a vu hier le rhino nous indique facilement l'endroit où il se trouvait. La sécheresse empêche malheureusement de relever toute trace sur le sol. Nous escaladons malgré cela les collines voisines, espérant apercevoir notre gibier, mais la bête reste invisible.

Comme le soleil est déjà haut, Cuningham, qui comme nous est un peu découragé, nous montre un énorme figuier, qui s'élève au milieu de la plaine, et nous dit : « Allons donc jusqu'à cet arbre isolé; souvent les lions les choisissent comme repaire pendant les heures chaudes, et il se pourrait que nous en levions un. En tout cas, ajoute-t-il, nous pourrons laisser passer les moments les plus pénibles de la journée à l'ombre et laisser souffler les chevaux. » Il nous faut une bonne demi-heure pour atteindre le point indiqué. Cuningham ne s'est pas trompé au sujet des fauves, car des traces de gros félins trahissent leur passage en cet endroit, mais nous devons nous contenter de cette maigre constatation.

Après un frugal repas suivi d'une courte sieste, nous décidons de nous remettre en marche vers le camp, en faisant un crochet qui peut-être nous permettra de découvrir quelques antilopes intéressantes.

Nous quittons donc notre abri momentané et escaladons une petite éminence rocheuse d'où cinq grosses hyènes s'échappent. A la vue des carnassiers nous avons sauté à bas de nos chevaux pour essayer de tirer une de ces bêtes, mais avant que nous les ayons ajustées elles sont hors de portée.

Nous descendons ensuite dans la plaine désertique où un troupeau d'environ quatre cents gnous nous surveille depuis un moment. Contrairement à leur habitude, ces farouches antilopes nous laissent aujourd'hui passer à moins de cent mètres de leur front, sans marquer la moindre frayeur.

Poursuivant ensuite notre chemin dans une région sablonneuse, nous pouvons y contempler un effet de mirage superbe qui se produit vers le sud, et je discute un bon moment avec Cuningham, convaincu pour mon compte qu'il s'agit d'un véritable lac et non d'un mirage.

Pour en avoir le cœur net, nous poussons dans la direction

de la nappe d'eau, qui semble alors se retirer devant nous, puis finit par disparaître, donnant raison à notre guide, que cette petite divergence de vue a amusé.

Nous marchions ainsi depuis quatre heures lorsque soudain mon pisteur Kongoni s'arrête, cherchant à se rendre compte de quelque chose qu'il aperçoit dans le lointain. Tous les hommes profitent aussitôt de ce court arrêt pour scruter l'horizon, mais malgré leur vue perçante aucun d'entre eux ne distingue assez nettement pour identifier l'objet qui a motivé notre observation. Mon pisteur demande alors des jumelles à Cuningham qui se trouve auprès de lui, et à peine les a-t-il portées à ses yeux, qu'un large sourire se lit sur sa bonne face de nègre : « Faro m'bili, Buono m' Koubo » (deux rhinocéros, Monsieur), s'écrie-t-il en se tournant vers moi.

A l'annonce des deux pachydermes, toute notre fatigue disparaît et c'est avec un nouvel entrain que nous piquons droit vers eux, forçant l'allure à cause du peu de temps qu'il nous reste de jour.

A cent mètres des rhinos, nous mettons pied à terre et nous marchons vers un petit repli de terrain où les deux bêtes sont paisiblement descendues. Ce n'est qu'à cinquante mètres que nous commençons à prendre les précautions d'usage pour nous glisser vers elles, avec plus de prudence, car au-dessus de cette distance la vue basse de ces animaux les empêche de nous découvrir.

Le vent seul est le facteur délicat à observer, car la moindre odeur anormale prévient ce gibier de la proximité du chasseur et personne n'a jamais su d'avance ce qu'un de ces monstres, véritable représentant de la préhistoire, est capable de faire contre un ennemi que lui décèle son odorat subtil.

Arrivés sans encombre à trente mètres des pachydermes, nous choisissons chacun notre pièce; Jean vise le plus petit, me laissant l'autre, que nous pensons être le mâle. A mon coup de feu, mon rhino roule à terre, poussant des cris aigus qui, toute proportion gardée, rappellent ceux d'un jeune porc, pendant que l'autre s'élance lourdement sur la gauche, où il reçoit une nouvelle décharge à son passage.

Cuningham nous crie à ce moment : « Courez vite, je me charge de celui-ci ! » Nous sortons alors du repli de terrain et poursuivons le deuxième blessé qui, après une course d'une centaine de mètres, s'arrête et cherche à se rendre compte de ce qui se passe.

Les coups de fusil et les cris de son compagnon frappé à mort semblent avoir brouillé l'étroite cervelle de l'énorme brute qui, après une fuite instinctive, a besoin d'une petite halte pour reprendre ses idées. Nous en profitons du reste pour le tirer de nouveau. La bête pique alors des petits galops dans différentes directions, cherchant à prendre notre vent, mais heureusement nous ne lui en laissons pas le temps et à 60 mètres une dernière décharge le couche à terre. Nous retournons ensuite voir notre première victime. C'est une superbe femelle dont les cornes formidables nous avaient fait croire que nous avions affaire au mâle. Le plus petit est au contraire du sexe opposé ; il est littéralement criblé ; une balle particulièrement l'a traversé dans toute sa longueur après s'être frayé un passage à travers la tête de l'humérus qui n'a pas été brisée en raison de la formidable vitesse balistique des carabines Guyot.

Aussitôt nos deux pièces à terre, nous nous mettons au dépeçage, mais l'ouvrage est long et la nuit tombe pendant ce pénible travail. Enfin, vers 9 heures, nous pouvons répartir les charges à nos hommes ; les têtes nous ont donné le plus de mal, mais nos porteurs ayant eu la précaution de couper deux petits arbres en quittant le camp, nous les avons assujetties dessus, ce qui permet à plusieurs hommes de supporter ce poids formidable.

Dans la nuit noire notre petite troupe s'ébranle; nos nègres, surchargés par leurs fardeaux, chantent une mélopée rythmée pour s'aider à avancer sur la piste de Cuningham qui a pris les devants. La douceur de la température nous permet heureusement de marcher bon train sous un ciel admirablement pur, mais où seule la clarté des étoiles nous permet de nous diriger. La Croix du Sud brille derrière nous et nombre d'autres planètes, inconnues à notre firmament européen, aident notre guide à trouver son chemin à travers la plaine.

Le hennissement des zèbres retentit par instant et comme à un moment un rugissement s'y mêle, nous nous portons sur les flancs de notre petite colonne pour la protéger le cas échéant. Vers minuit nous faisons une pause près d'un ruisselet à demi desséché, puis nous reprenons notre marche vers le camp que nous atteignons un peu avant 2 heures du matin.

A notre approche nos compagnons, prévenus par les détonations de deux coups de fusil que nous avons tirés en l'air, sont venus à notre rencontre et nous félicitent de nos belles captures.

Ils ont, disent-ils, entendu des lions qui sont venus poursuivre des zèbres jusqu'à la mare que le camp domine, mais l'obscurité les a empêchés de les tirer.

Nous consacrons la journée du lendemain à une chasse à l'Élan (Oreas canna), dont nous avons vu de nombreuses hardes, mais dont il nous manque encore plusieurs spécimens pour la collection mammalogique.

Un groupe d'indigènes ayant informé nos pisteurs que plusieurs troupes de ces animaux se trouvaient dans la plaine bordant les derniers contreforts des montagnes de Mau, je pars de grand matin pour cette contrée, accompagné par MM. Albin, Jean et F. Déprimoz.

L'aube nous surprend à l'extrémité du plateau indiqué par les Massaïs et nous allions nous séparer en deux groupes pour doubler nos chances, quand un de nos gunbearers du nom de « Simba » relève des traces toutes fraîches d'élans. Nous descendons aussitôt de nos chevaux, les confiant à la garde des Saïs avec l'ordre de nous les amener à un coup de sifflet convenu.

Précédés du traqueur, nous suivons la piste que l'humidité de la nuit rend facile ; les pieds des cannas se sont fortement imprégnés dans le sol et cette traînée de foulées très apparentes permet une avance rapide à travers la brousse. Nous marchions sur ces traces depuis quelque temps quand tout à coup Simba, qui nous précède d'une dizaine de pas, nous fait signe de nous baisser. Quelques mètres plus loin, en nous relevant avec précaution, nous apercevons notre gibier qui broute tranquillement les jeunes pousses des petits arbres du bois à travers lequel nous zigzaguions à leur suite.

Cette petite troupe de cannas est composée de huit individus dont deux portent de fort jolies cornes ; l'un de ceux-ci, au pelage gris bleu, semble, par sa couleur et sa taille, être le chef de la harde, c'est-à-dire un mâle.

L'approche étant aisée en raison du vent et de l'épaisseur des buissons qui nous masquent, nous décidons de nous rapprocher davantage et convenons que le premier en bonne posture attendra quelques instants, puis tirera un des plus beaux élans. Nous avançons alors en deux groupes pour enserrer la harde et bientôt sommes à 200 mètres des Cannas. A ce moment Albin et F. Déprimoz, qui ont dû nous devancer, ouvrent le feu ; nous nous levons aussitôt pour

ÉLAN ABATTU PAR ALBIN

ÉLAN
PRÈS DE SALT MARSH

J. DEBRIMOZ CONFECTIONNANT DES CAGES
POUR DES JEUNES ANTILOPES

entrer en action, mais les élans se sont déjà élancés à travers les arbres, où ils disparaissent dans la direction de la plaine avant que nous ayons pu les tirer. Nous rejoignons alors nos compagnons et, sur les dires d'Albin, qui croit avoir blessé sa bête, nous allons inspecter la partie du bois par où les cannas se sont enfuis. Nos gunbearers se mettent alors en quête et l'un d'eux ne tarde pas à relever une tache de sang sur le sol. Nous prenons immédiatement ces traces, qui deviennent de plus en plus faciles à suivre, la bête perdant son sang en abondance.

En suivant les pas du blessé il est facile de voir, au pied qui se referme souvent, que la bête s'est arrêtée plusieurs fois dans sa course et qu'elle a marché lentement, contrairement à ses camarades qui ont dû l'abandonner, ayant galopé tout le temps. Nous nous attendons donc à trouver la bête d'un moment à l'autre; et en effet, après environ deux milles de marche, un de nos hommes aperçoit l'élan tombé à terre. Il se précipite alors pour le saigner, mais la courageuse antilope se relève et repart à nouveau vers la plaine où nous débouchons à sa suite. Le Canna n'a pas la force d'aller plus loin, et nous le voyons s'arrêter à 300 ou 400 mètres, la tête baissée, ce qui nous indique sa grande faiblesse. Albin met alors un genou à terre et abat définitivement sa jolie pièce. C'est un mâle énorme, de la taille d'un de nos gros bœufs de concours, dont les cornes forment un des plus beaux trophées que puisse souhaiter un chasseur. Nous sommes heureux pour tout le safari de voir à nos pieds cette masse de chair qui passe, à juste titre, comme l'une des meilleures parmi celles de tous les animaux africains. Je fais la remarque à mes compagnons qu'il est curieux que des essais d'élevage ou même d'acclimatation de cet animal n'aient pas été tentés plus sérieusement qu'on ne l'a fait jusqu'à ce jour. L'élan, en effet, par son caractère doux et sa forte constitution, présente toutes les qualités requises pour faire un bon animal domestique, et l'on regrette malgré soi de voir cette source de richesse laissée encore en dehors du programme des fermes africaines.

Après avoir dépouillé notre canna et envoyé peau et viande au camp, nous nous séparons cette fois en deux groupes pour continuer notre chasse. Albin et moi partons ensemble dans le nord-est, laissant les deux Déprimoz s'enfoncer à travers la plaine dans une direction opposée.

Nous battons premièrement les espaces découverts des derniers contreforts des escarpements de Mau où nous levons force gibier, apercevant même de loin une troupe de girafes qui à contre-vent s'échappent à plus de deux milles. Dans l'après-midi nous rentrons dans une nouvelle région dont nous avions espéré beaucoup, mais qui, étant occupée par plusieurs tribus Massaïs, ne nous donne pas le gibier que nous cherchons.

Les troupes de ces nomades ont complètement dérangé cette contrée encore si sauvage lors de notre premier passage à Salt-Marsh et des milliers et des milliers de zébus rasent maintenant l'herbe de ces plaines ; jamais encore nous n'en avions rencontré d'aussi importants troupeaux.

Aussi avons-nous beau nous renseigner auprès des pâtres, aucun de ces sauvages ne peut nous indiquer la présence de notre gibier. En revanche un vieux chef nous conte une bien bonne histoire au sujet de l'amende qui leur a été infligée par les Anglais lors du différend Massaï-Nandy.

Ce vieil homme aux yeux malins nous en dit certains détails et termine en ajoutant avec un large sourire : « Nos jeunes gens en ont été quittes pour aller chercher les bœufs demandés dans une ferme du gouvernement de la colonie allemande; c'est si facile, et comme cela il ne manque de tête de bétail à personne, au contraire. »

Nous quittons le chef Massaï sur ces dernières paroles après un traditionnel « Soba » et reprenons la direction du camp, dont nous sommes fort éloignés. Au coucher du soleil nous atteignons l'entrée du bois où mon secrétaire a abattu son élan ce matin.

A ce moment un troupeau de zèbres se dessine à trois cents mètres sur une éminence voisine, nous offrant des cibles magnifiques. N'ayant plus de chance de retrouver des cannas, nous mettons pied à terre et faisons un superbe doublé sur les zèbres.

Quant à nos compagnons, ils sont rentrés les premiers au camp où nous les retrouvons, mais plus heureux que nous ils ont abattu deux élans dont le dernier leur a donné fort à faire en les obligeant à une longue poursuite sous bois.

CHAPITRE VIII

Hot-Spring. — Une hyène qui nous donne des émotions. — Capture d'un guépard vivant. — Une épidémie menace la caravane. — Arrivée sur les bords de la Narossera. — Organisation d'un safari volant pour le Guasso Nyiro. — Un achat de moutons qui manque de tourner mal. — Chasse aux buffles. — Retour au camp de Narossera. — Pendant notre absence la maladie a fait des victimes. — Prise au piège de guépards et d'une hyène.

Après deux jours de chasse au petit gibier, nous quittons Salt Marsh pour Hot Spring, que nous atteignons en une étape très pénible, à travers les plaines de Loïta. Là notre camp est monté au pied d'une des dernières collines de l'Osubugo Loïtaï, sur les bords d'un ruisselet aux eaux claires qui s'écoulent des sources qui ont donné leur nom à la localité. Grâce aux montagnes et à notre minuscule rivière, la région qui avoisine le camp est recouverte d'une riche végétation qui y a attiré beaucoup d'oiseaux. Les Grues couronnées, les Outardes, les Serpentaires sont nombreux aux environs, aussi décidons-nous de rester quelque temps ici pour étudier la faune.

Le soir, une espèce de grillon se met à chanter et tout le camp retentit de ses trilles vibrants qui vont jusqu'à déranger notre sommeil.

Debout de bonne heure malgré la mauvaise nuit que nous ont fait passer ces bruyants insectes, nous allons, un peu avant l'aube, visiter un zèbre que mon premier préparateur a abattu hier soir au pied de la colline, à 12 mètres à peine d'une tranchée naturelle creusée par les eaux.

Remontant ce petit torrent nous atteignons juste au lever du jour le point le plus proche de notre appât.

Avec d'infinies précautions nous gravissons alors le talus et découvrons le zèbre, qui se découpe en noir sur le disque rouge du soleil levant. Au même instant, la tête d'un animal occupé à finir son repas nocturne apparaît au-dessus de l'appât qu'il dévorait.

La bête est si près, qu'il n'y a pas de temps à perdre. Jean, qui me précède légèrement, lâche aussitôt son coup, broyant le crâne du fauve qui s'écroule foudroyé sur le zèbre.

Nous avançons alors avec précaution, car la tête ronde aux courtes oreilles du visiteur de l'appât nous fait déjà espérer avoir affaire à un gros félin. Malheureusement notre doute n'est pas long à s'éclaircir, car la victime de Jean n'est qu'une hyène mouchetée.

Nous passons le reste de la journée à la chasse aux oiseaux, qui nous procure de rares spécimens.

Le soir les trappeurs viennent nous chercher pour capturer un guépard qui s'est pris à un de nos grands pièges.

Nous quittons donc le camp, emportant des lampes, des cordes et une de nos cages métalliques pliantes.

L'animal s'est pris au milieu d'une haie qui borde la rivière et que troue un passage de petites antilopes où notre homme avait placé sa trappe. A notre approche le félin s'est rasé à terre, grondant sourdement; un des traqueurs s'avance alors vers le fauve, cherchant à lui jeter un nœud coulant, mais le guépard s'élance et nous force à reculer. Après plusieurs insuccès, nous pouvons tout de même passer une corde autour de la chaîne rattachant le piège à une grosse branche libre qui s'est embrouillée aux nombreux buissons des alentours. Nous parvenons ensuite à tirer la bête hors du fourré, et pendant qu'elle cherche à se jeter en avant sur l'un de

VERS LA NAROSSERA

HOT SPRING

nous, Turner arrive enfin à la lasser; nous l'obligeons ensuite, non sans peine, à rentrer dans la cage, où elle se blottit dans un coin. C'est un animal superbe, presque adulte, à la robe foncée. Ses blessures n'étant que légères, nous espérons le garder vivant.

Le surlendemain nous quittons Hot Spring pour Narossera que nous pensons atteindre en deux jours.

Notre première étape se déroule à travers un pays montagneux situé entre les monts Loïta et les collines rocheuses d'Injashi. Le terrain pierreux est très pénible pour nos montures et les chariots ont dû faire un grand détour pour éviter ce massif. Cuningham, très soucieux depuis quelques jours au sujet de l'état sanitaire des porteurs, est resté avec le safari, où sa présence est nécessaire pour le maintien de l'ordre qui manque d'être rompu chaque fois que la faiblesse d'un homme nécessite le transfert d'une partie de sa charge à ses camarades.

Guidés par mon vieux traqueur Kongoni, nous atteignons de bonne heure notre lieu de campement où nous ferons monter nos tentes sur les bords d'un petit ruisseau qui vient des monts Loïta.

L'endroit est fort joli et une végétation luxuriante a envahi toute la région contiguë au cours d'eau.

Aussi, avant l'arrivée de la caravane, nous livrons-nous à une chasse aux bush-bucks et autres antilopes très nombreuses dans ces halliers.

Ce n'est qu'à la nuit que notre safari arrive. Un grand nombre de porteurs sont malades et des Askaris ont dû se charger des colis des plus souffrants, qui ont beaucoup de peine à se traîner jusqu'ici.

La maladie de nos nègres semble d'autant plus grave

qu'elle prend depuis deux jours les proportions d'une épidémie.

La cause n'en est que trop évidente; nos hommes, d'une nature gloutonne et carnassière, ont abusé pendant ces derniers temps de la grande quantité de viande qu'il y avait au camp lors du dépeçage de nos grosses antilopes. Ils ont, par cette abondante nourriture qui flatte leurs goûts, délaissé leur traditionnel posho. Dans la crainte d'une punition, les premiers malades ont caché leurs malaises qui alors n'étaient pas graves, mais l'inflammation intestinale résultant d'indigestions successives n'attendait qu'une occasion pour prendre une forme plus sérieuse qu'elle a trouvée dans l'eau d'une mare contaminée par les microbes de la dysenterie.

Maintenant, minés par la maladie et la fièvre, ces malheureux ont avoué leur imprudente faute, mais près d'un quart de notre effectif semble touché par l'épidémie. Par précaution, Cuningham a isolé les plus déprimés dans une tente un peu à l'écart des autres. Mais qu'allons-nous faire, si la dysenterie augmente et porte ses ravages jusque parmi nous?

Après avoir tenu conseil sur le moyen d'enrayer le mal, nous regagnons assez inquiets nos tentes, sans avoir pu trouver un remède au fléau qui nous menace.

De bonne heure sur pied, je vais faire ma première visite à nos malades. Les pauvres gens font peine à voir; trois d'entre eux sont si faibles qu'ils me semblent perdus. A mon arrivée ils font cependant un effort pour me saluer. Je donne à l'Askari qui les garde les médicaments à prendre dans la journée et pose la question : « Quels sont les hommes capables de marcher? » Tous se sont soulevés à mon interpellation et répondent avec mélancolie qu'ils feront leur possible, mais malgré leur bonne volonté, il n'est pas difficile de voir à leur faiblesse qu'ils en sont incapables. Je vais ensuite à la recherche de Cuningham, pour le mettre au courant de la situation. A l'exposé de l'état des malades, le regard de mon guide paraît s'assombrir. « Nous ne pouvons pourtant pas les laisser ici, car nous sommes loin de tout secours, » me dit-il.

« Seule une maniate Massaï pourrait les héberger, en admettant que le conseil de la tribu accepte notre proposition, mais même dans ce cas je ne vois pas comment, sans soin, des malades aussi gravement atteints peuvent s'en tirer. » Perdus pour perdus, nous décidons donc de charger nos malheureux nègres sur un des chariots boers. Cuningham passe ensuite la revue des porteurs, répartissant les charges suivant la force et la santé des hommes.

A 8 heures seulement, le headman siffle le départ et le safari s'ébranle. Comme à l'habitude nous prenons les devants dès les premiers milles, espérant surprendre en chemin du gibier intéressant.

En effet, vers la première partie de l'étape, nous apercevons une harde de girafes, mais à cause de nos malades, comme nous ne pouvons pas surcharger davantage nos porteurs, nous nous contentons de les observer.

Après la traversée d'une région assez rocheuse, nous pénétrons, dans l'après-midi, dans une large plaine bordée au sud par une suite de montagnes. Au loin une ligne d'arbres plus hauts et plus forts que tous ceux des environs indiquent les contours d'une rivière. « C'est la Narossera (Guasso Narocera) », me dit à ce moment Kongoni en étendant le bras dans la direction du cours d'eau. Nous descendons alors vers la rivière et, une heure après, nous sommes sur ses bords où nous choisissons l'emplacement de notre camp, que je décide de monter le plus près possible d'un ancien kraal boer, non loin des derniers contreforts du massif d'Osubugo Loitaï.

Le soir, nos chariots arrivent les derniers et leur chef Smith nous dit qu'il a été obligé de laisser la majorité des malades qu'il transportait à une dizaine de milles d'ici. L'endroit, d'après mon wagonnier, est assez propice à un arrêt et les malheureux nègres n'étaient plus transportables jusqu'ici ; le reste de la caravane n'a subi que peu de défections ; cette constatation nous rend de l'espoir.

Le lendemain, Cuningham part dès l'aurore retrouver les malades, nous laissant l'organisation d'un safari léger avec lequel nous devons partir, dès demain, visiter les montagnes et les basses plaines du Guasso Nyiro, qui se trouvent derrière elles. L'état des porteurs nous force en effet à hâter notre retour et nous avons accepté avec empressement l'idée de notre guide, qui consiste à séparer notre caravane en deux parties, dont une restera ici pour étudier la faune locale, pendant que l'autre, composée de Cuningham, Jean Déprimoz, moi et des trente meilleurs porteurs qui nous restent, ira visiter les régions du Guasso Nyiro. Nous choisissons donc le matériel strictement indispensable à cette expédition et ne prenons que pour quatre jours de vivres de réserve, au cas où nous ne pourrions pas nous nourrir pendant quelque temps sur le gibier. Dans la soirée Cuningham rentre avec ses malades ; les malheureux font peine à voir et les efforts qu'ils ont dû faire pour nous rejoindre semblent les avoir complètement épuisés.

. . . .

De bonne heure nos hommes ont été réunis. Nous avons exactement trente et un porteurs, six pisteurs, quatre taxidermistes et deux boys, tous vigoureux et semblant avoir échappé complètement à la dysenterie.

NOTRE CAMP SUR LES BORDS DE LA NAROSSERA

Ne pouvant emmener nos chevaux à cause des tsé-tsé qui habitent les contrées que nous allons visiter, nous avons chargé nos pisteurs de tout le matériel de recherches que nos montures portent ordinairement. L'ensemble de tous ces effets quelque peu encombrants, ajoutés à leurs attirails habituels, donne à ces hommes un cachet spécial, qui ne manque pas de pittoresque et amuse énormément le reste de notre petit contingent.

Les charges ayant été réparties, nous quittons le camp vers 6 heures du matin, avec nos compagnons qui ont tenu à nous accompagner jusqu'au premier massif de broussailles où notre sentier zigzague avant d'aborder la montagne.

Nous prenons alors congé de nos camarades, et avec la petite troupe, nous nous engageons à travers les fourrés. Au fur et à mesure que nous nous élevons, les taillis deviennent moins serrés et la vue s'étend au loin.

Bientôt les escarpements Kikuyu se découvrent nettement dans la direction nord-ouest, et nous distinguons le sommet du N'Gong qui domine Nairobi, situé sur le versant opposé. Notre ascension se continue devant ce panorama auquel vient s'ajouter, après un quart d'heure de marche vers l'est, celui des monts du Kilimanjaro, situé en colonie allemande et qui s'estompent à l'horizon.

Vers 9 heures, nous atteignons la lisière d'une petite forêt qui s'accroche au flanc de la montagne, et en bordure de laquelle s'élèvent de hauts buissons dont les fruits vénéneux servent à empoisonner les fléchettes des petits N'Dorobo qui habitent ces régions. Ces sauvages y vivent, dans les forêts, en véritables troglodytes groupés plutôt par famille que par tribu et entretiennent à peine quelques relations avec les peuplades Massaïs qui, en échange des services qu'ils leur rendent, en abattant le gros gibier herbivore qui dispute les bons pâturages à leurs bestiaux, leur donnent des objets de première nécessité.

Vers midi, nous rencontrons une maniate près de laquelle nous montons nos tentes sur un petit plateau.

Nous envoyons ensuite un des pisteurs qui parle massaï pour nous renseigner sur la faune de la contrée, et demander si quelqu'un est décidé à nous vendre des moutons, au cas où du gros gibier serait aux environs. Cette précaution a son utilité pour éviter de tirer des coups de fusil qui pourraient compromettre notre chasse.

Notre homme rentre deux heures plus tard, ramenant un pâtre qui veut bien nous vendre huit moutons que Cuningham ira choisir demain matin. Le Massaï nous indique également la présence d'une troupe de buffles dans la forêt voisine. Ce natif est même si affirmatif que nous décidons de rester dans ce pays le temps nécessaire pour les chasser.

Nous passons ensuite une partie de l'après-midi à des recherches entomologiques qui nous donnent de très bons résultats.

Le soir, un fort malaise s'empare de moi ; la tête me tourne et j'ai des troubles de vision extrêmement pénibles accompagnés de douleurs vives à l'estomac et de fièvre.

Le lendemain matin, je me trouve un peu mieux, mais mes jambes flageolent.

Vers 7 heures, Cuningham va à la maniate pour choisir ses moutons, et rentre pour déjeuner, au cours duquel il nous conte l'aventure suivante qui a manqué de tourner mal.

Mon guide, accompagné de son pisteur, et armé de sa carabine, était descendu jusqu'au village Massaï, où contrairement à ses espérances, il ne trouva aucun mouton. Avisant aussitôt un groupe de jeunes guerriers, Cuningham leur fit demander où était le bétail ; un vieil homme sortit alors d'une des huttes, et d'une manière peu accueillante répondit, à la place du chef des hommes armés, « que le conseil des anciens, sans lequel rien ne peut se décider, a résolu de ne rien vendre aux blancs ».

Cuningham palabra cependant encore une bonne heure, espérant obtenir gain de cause, mais voyant enfin que rien ne semblait pouvoir convaincre les sauvages, il usa d'un moyen énergique pour arriver à ses fins.

Ayant remarqué qu'un troupeau de vaches était tout proche, mon guide, fixant le vieux Massaï, lui fit dire : « Je donne un quart d'heure à vos hommes pour m'amener mes moutons, voilà votre argent. Si, dans ce laps de temps, vous ne me les livrez pas, j'abats huit de vos vaches. »

L'intraitable indigène répondit à cet ultimatum par un geste menaçant qui désignait les guerriers et semblait dire : « Faites si vous l'osez. »

Malgré la perspective de s'attirer une mauvaise affaire, notre compagnon ne changea en rien sa manière de faire et cinq minutes s'étant écoulées il fit dire par son interprète plus mort que vif qu'il n'y avait plus que dix minutes ; à cinq il fit de même, puis compta tout haut, plus que quatre, que trois, que deux ; qu'une, fit-il en épaulant.

Voyant alors l'attitude ferme de son interlocuteur, le vieux Massaï céda et, comme s'ils avaient été préparés tout exprès, les moutons sortirent tout à coup d'une case, poussés au dehors par un jeune homme qui les conduisit ensuite jusqu'au camp.

Nous nous entendons après notre repas avec ce jeune pâtre pour qu'il nous guide le lendemain vers les buffles et passons le reste de la journée à chercher des insectes aux alentours des taillis qui doivent recéler ce dangereux gibier.

Le lendemain nous battons pendant plusieurs heures une

grande partie de la forêt, sans rien découvrir d'autre que des water-bucks et des bush-bucks. Cependant, vers 10 heures, alors que nous commencions à désespérer, nos pisteurs relèvent des traces fraîches de buffles que nous suivons pleins de confiance. Notre gibier est là en effet, et les Massaïs ne nous ont pas trompés. Mais ces bêtes doivent être fort méfiantes, car d'après les empreintes que nous suivons pendant assez longtemps, elles ont fait de nombreuses volte-face et semblent nous avoir éventés. Nous parvenons cependant à les voir d'assez près à un moment, mais la forêt est si dense qu'elles s'échappent sans que nous puissions les tirer. Nous les poursuivons ensuite trois longues heures et arrivons à les approcher une seconde fois. A ce moment un fait assez intéressant se produit que je ne peux passer sous silence. Un petit oiseau de la famille du coucou voltige autour de nous depuis quelques instants, tantôt précédant notre troupe, tantôt revenant, pour repartir à nouveau sur la piste que nous suivons.

Cuningham, qui l'a aperçu, me chuchote à l'oreille : « Voyez le manège de cet oiseau ; c'est un indicateur (Indicator sparmanni), il a dû découvrir une ruche et fait son possible pour nous y mener, espérant que nous la briserons pour prendre le miel et qu'après notre départ il trouvera de quoi faire bombance. »

En effet l'oiseau semble se donner un mal inouï pour nous entraîner en avant, jusqu'au moment où nous passons sous un nid d'abeilles sauvages qui bourdonnent autour d'un tronc d'arbre sec. A partir de ce moment, l'oiseau vole au-dessus de nous, revenant à chaque instant en arrière comme pour nous montrer que nous avons dépassé le but, et ne nous abandonne que fort loin et quand tout espoir de retour de notre part s'est effacé.

Quelques minutes après ces intéressantes observations, les buffles repartent encore devant nous et cette fois il nous semble bien inutile de pousser plus loin cette dangereuse poursuite.

Nous rentrons au camp découragés et jugeons qu'il est préférable de s'éloigner du voisinage de cette maniate Massaï et de ses troupeaux qui rendent le gibier trop farouche; aussi décidons-nous de partir dès demain pour le Guasso Nyiro.

Cuningham, qui tient à garder le jeune berger Massaï qui nous a si bien renseignés et qui paraît avoir une connaissance parfaite de la contrée, fait demander au camp la mère du jeune homme. Malheureusement cette dernière, connaissant par expérience le danger qu'il y a à poursuivre des buffles, s'oppose, par crainte d'un accident, à ce que son fils nous serve de guide.

Enfin, après un interminable conciliabule et en lui promettant qu'on lui renverrait son fils dès qu'il nous aurait conduits simplement au Guasso Nyiro, elle finit par consentir à le laisser partir. Ce sentiment de tendresse chez ces peuplades primitives et dont l'indifférence paraît dominer tous les autres sentiments, sauf celui de la bravoure, ne manque pas de m'étonner et cette constatation me semble avoir son importance au point de vue de la psychologie de ces indigènes.

Au petit jour notre camp est rapidement plié et nous montons vers un col pour descendre ensuite vers le cours de la Narossera inférieure qui se jette à deux marches d'ici dans le Guasso Nyiro.

En cours de route, nous surprenons deux guépards qui se sont enfuis à notre approche et qui se sont réfugiés dans une vieille maniate abandonnée, dont nous visitons de suite tous les recoins pour les en chasser, mais les rusés félins trouvent le moyen de s'échapper sans que nous puissions les tirer.

Vers 10 heures la caravane atteint une plaine aride, desséchée et couverte d'une maigre végétation de mimosas, d'où un troupeau de girafes s'échappe à l'approche de notre safari, sans que nous puissions les rejoindre.

Plus loin, les premiers porteurs lèvent un rhinocéros qui faisait tranquillement la sieste au milieu de la plaine, mais, comme il ne manifeste aucune velléité d'attaque, nous le laissons tranquille. Du reste, après avoir reniflé quelque temps dans notre direction, il se décide à battre en retraite sans nous inquiéter. Nous traversons quelque temps après la Narossera, qui coule entre de grosses roches que borde une végétation fraîche et touffue d'où sort un nouveau rhino, tout à côté de l'Askari qui précède les hommes de tête. A la vue du pachyderme, les porteurs ont jeté leurs charges à terre pour grimper aux arbres. Cet habitant de la brousse est bien le plus redouté de nos nègres, mais, comme le premier, la lourde bête nous laisse la paix et se retire devant nous sans la moindre menace.

Sur un plateau qui domine la Narossera et sous un arbre énorme, nous dressons nos tentes, car avant de pousser plus loin nous devons approvisionner notre caravane de viande pour ménager nos moutons.

De notre nouveau camp la vue est splendide vers le sud-est; elle embrasse toute une contrée montagneuse en avant de laquelle on devine de grandes plaines herbeuses limitées à l'horizon par de hauts massifs, au pied desquels s'étend, vers l'est, le grand lac Magadi dont les rives recouvertes de paillettes minérales scintillent sous les rayons du soleil.

C'est vers ce lac que se dirige une ligne de chemin de fer actuellement en construction et qui reliera sur une distance

UN GNOU

UNE GRANTI

de 95 milles celle de l'Uganda Railway avec les berges du Magadi. Ce merveilleux lac, qui a environ 16 milles de longueur, contient un énorme dépôt de carbonate de soude et ces ressources naturelles donnent à la compagnie qui se propose de les exploiter, de grandes espérances dans son trafic d'exportation.

Dans l'après-midi nous abattons deux bubales et un zèbre, dont la chair, coupée en lanières puis séchée au soleil ou devant des feux pendant le reste de la journée, constituera une partie des vivres de réserve pour nos nègres.

Nous levons le camp de grand matin, en raison de la longue étape à franchir pour atteindre le confluent de la Narossera et du Guasso Nyiro. Un brouillard de chaleur s'élève des contrées plus basses vers lesquelles nous allons descendre, et une véritable mer de nuages s'étend à nos pieds jusqu'aux sommets qui s'estompent à l'horizon.

Après avoir quitté le gros arbre sous lequel nous avions monté nos tentes, notre safari s'éloigne de la rivière pour dévaler sur les flancs d'une montagne recouverte d'une végétation très dense à demi desséchée, à travers laquelle il n'est pas aisé de se frayer un passage. Heureusement des pistes de rhinocéros nous facilitent notre marche et lorsque cela nous est possible nous empruntons les sentiers de ces pachydermes.

J'ai malgré tout de sérieuses craintes chaque fois que nos porteurs s'engagent sur des éboulis, car, avec leurs charges, c'est miracle qu'ils ne roulent dans le vide avec les pierres qui glissent sous leurs pieds.

Je me demande par exemple comment les rhinos peuvent s'aventurer sur ces pentes, à travers ce dédale de pierres croulantes, sans rouler en avalanche jusqu'au fond de ces précipices, car déjà nos nègres doivent faire des prodiges d'équilibre avec leurs paquets sur la tête, pour passer de rocs en rocs pendant cette dégringolade longue et pénible qui se renouvelle après l'escalade d'une autre montagne. Nous atteignons ensuite une gorge étroite où coule la Narossera qui s'y est frayé un passage après des cascades successives. Nous y poursuivons notre route en suivant le lit de la rivière, heureusement peu profonde, et campons sur la berge opposée, à courte distance du Guasso Nyiro.

La chaleur est terrible dans cet étroit boyau et, sans un courant d'air qui vient de la plaine, l'endroit serait intenable. Cuningham va malgré cela, avant la fin du jour, inspecter la contrée avoisinant le confluent.

A la nuit, pendant que les porteurs exténués pansent leurs pieds meurtris ou prennent un repos indispensable et bien gagné, Cuningham rentre fatigué par la randonnée rapide qu'il vient d'accomplir. Comme nous allons à sa rencontre, notre compagnon nous informe qu'un sérieux danger nous menace. La prairie est en feu et les derniers contreforts des montagnes qui nous abritent commencent à brûler.

Par prudence, nous dit notre guide, nous devrions retourner de suite d'où nous venons, mais nos hommes en sont incapables. Il est donc préférable de prendre un court repos et si la nuit est assez claire nous reprendrons le chemin de l'étape précédente avant le jour.

A 5 heures du matin le headman siffle le rassemblement des hommes, qui viennent seulement d'être mis au courant de la situation. L'évocation du danger a suffi pour ranimer les énergies chancelantes des plus paresseux et c'est dans une hâte fébrile que nous levons le camp pour remonter la rivière dans une obscurité profonde au milieu de laquelle les hommes trébuchent sur les galets, ou tombent dans les trous creusés par le courant. Malgré cela nous atteignons au petit jour la première crête de montagne d'où nous jetons un coup d'œil en arrière.

Des tourbillons de fumée s'élèvent sur tout le front est de ces monts, qui brûlent d'autant plus activement qu'un vent violent attise l'incendie. Il paraît avoir pris des proportions gigantesques. Dans les vallons encore sombres, des torrents de flammes s'accrochent aux flancs broussailleux des collines, se rejoignant par endroit pour former des murailles de feu s'élevant à une grande hauteur dans le ciel.

Malgré l'avance que nous avons sur l'incendie, nous ne nous attardons pas à contempler ce spectacle grandiose et pressons au contraire la marche de nos hommes jusqu'au moment où nous atteignons l'emplacement de notre ancien bivouac. De là nous découvrons tout l'ensemble du fléau que nous fuyons.

Grâce à nos jumelles nous pouvons un instant nous rendre compte des progrès du feu, qui avance à une très grande vitesse sur les versants exposés au vent, tandis que sa descente est plutôt lente sur le côté opposé.

Dans des éclaircies de fumée nous apercevons par moment des hardes de gibier fuyant pêle-mêle devant les flammes. Précédant ou accompagnant l'incendie, des aigles et autres rapaces plongent par instants jusque dans les brasiers pour enlever quelque proie chassée de sa retraite habituelle. Nous ne pouvons cependant nous attarder trop longtemps à observer la dévastation de ces belles contrées encore si florissantes il y a quelques heures et repassons la rivière qui semble ici assez large pour servir de barrière à l'incendie.

Nous regagnons ensuite, en une marche forcée, le premier point d'eau de la vallée où nous avions poursuivi les buffles, décidés à tenter des recherches dans les environs. Au coucher du soleil nous atteignons seulement notre lieu d'étape, situé en bordure d'un petit bois dont une espèce d'arbustes fournissent à nos porteurs une sorte de petites baies extrêmement acides qu'ils affectionnent beaucoup.

Le lendemain, nous allons visiter les montagnes qui s'élèvent vers le sud, après avoir envoyé deux de nos hommes dans les forêts des N'Dorobos qui pourraient nous servir de guides pour chasser les buffles habitant certainement cette région, et dont la poursuite me passionne.

Le soir nous rentrons au camp avec quelques oiseaux intéressants, mais aussi avec le regret d'avoir manqué un de ceux-ci que nous avions aperçu au milieu de la forêt et qui d'après sa taille, atteignant celle d'un paradisier manucode, et sa jolie couleur rouge, devait appartenir à une espèce encore inconnue de nous.

Le soir nos deux pisteurs rentrent; l'un a réussi à joindre des N'Dorobos, mais s'est heurté à la crainte instinctive que certains de ces sauvages ont vis-à-vis des blancs, ce qui les a empêchés d'accepter de se mettre en rapport avec nous. Du reste, au dire de ces mêmes indigènes, les buffles sont fort loin d'ici, à deux jours au moins de marche, ce qui est vrai ou non. L'autre a exploré toute la région des monts de l'ouest mais n'a pas relevé de traces certaines des buffles à cause des troupeaux Massaïs qui ont envahi les principaux pâturages et piétiné dans tous les endroits où il aurait pu prendre une traque. Il ajoute que, d'après lui, il y a certainement des buffles mais aussi trop de bétail pour pouvoir les chasser, leurs pistes étant impossibles à suivre.

La chasse de cet important gibier semble donc devoir être définitivement abandonnée et nous n'insistons pas à poursuivre ces insaisissables ruminants. Nous continuons donc l'étude zoologique de la région et rallions le grand camp de Narossera deux jours après.

Notre premier soin en retrouvant nos compagnons est de nous informer de l'état sanitaire du safari. Albin, qui en mon absence a exercé les fonctions de chef, m'informe de suite que l'épidémie de dysenterie semble complètement enrayée; malheureusement un de nos porteurs a succombé à la maladie malgré tous les soins qu'il était possible de lui donner.

Mais comme je tiens à laisser toute leur saveur aux péripéties qui se sont déroulées pendant notre absence, je reporte le lecteur au jour où nous quittâmes ce camp pour le Guasso Nyiro.

Après nous avoir accompagnés, mes deux compagnons s'étaient rendus en plaine pour fournir au camp le gibier nécessaire à la nourriture des hommes, ce que nous appelons pittoresquement « la corvée de viande ».

Arrivés dans un petit bois qui bordait la plaine à cet endroit, les deux chasseurs approchèrent facilement une troupe de zèbres, abattant deux de ces animaux. Heureux de leurs coups de fusil, ils allaient s'apprêter à dépouiller leurs victimes, quand une volée de pierres s'éparpilla autour d'eux. C'était une bande de babouins, qui se croyant attaquée en entendant les détonations, se défendait en lançant des cailloux à ceux qu'elle prenait pour ses adversaires. Heureusement un nouveau coup de carabine tiré dans leur direction mit définitivement en fuite les trop farouches cynocéphales.

Un peu après cette agression, une formidable averse qui menaçait depuis quelques instants tomba sur les chasseurs, qui n'eurent que le temps de chercher un abri dans un épais buisson.

La pluie se déversait avec la force bien connue des orages

équatoriaux, lorsque de leur abri ils aperçurent un oiseau de grande taille qui venait de se poser sur un mimosa voisin.

L'occasion était trop tentante pour attendre la fin de l'averse pour le tirer. Aussi, malgré la bourrasque, Albin sortit-il de son refuge pour se glisser vers l'arbre. Trempé et ruisselant, notre compagnon arriva sans être aperçu à bonne portée et lâcha un coup de chevrotines sur l'oiseau qui dégringola sur le sol, où il s'écrasa avec un bruit sourd au milieu d'un petit taillis. Pensant sa victime foudroyée, Albin courut alors rejoindre son monde sous l'abri et n'envoya chercher sa pièce qu'à la fin de l'ondée.

Son pisteur Ali s'engagea le premier dans le taillis, d'où aussitôt des cris aigus s'élevèrent : le malheureux nègre bondit au même instant au dehors, poursuivi par un énorme vautour qui, une aile cassée, faisait courageusement face à ses ennemis et les attaquait malgré les pierres qu'il recevait des nègres qui essayaient par ce moyen de l'arrêter. Albin accourut à ce moment et après une courte lutte parvint à étourdir le rapace d'un coup donné avec les canons de son fusil.

C'était une superbe pièce d'une envergure de près de trois mètres et dont le poids respectable nécessitait l'aide de deux hommes pour son transport. Les chasseurs prirent ensuite la direction du camp, mais en chemin le vautour, qui était revenu à lui, se jeta sur un de ses porteurs, lui occasionnant de profondes blessures qui demandèrent des soins assidus et, pour éviter toute complication, une injection de sérum antitétanique.

A leur arrivée au camp, le chef taxidermiste Turner informa mes compagnons qu'un des malades semblait être à toute extrémité et que n'ayant plus la force d'absorber la moindre chose, il ne passerait certainement pas la nuit. Après dîner, ils allèrent voir le malade, traversant le camp tout éclairé par la lueur joyeuse des feux qui s'élevaient devant chaque tente et autour desquels les nègres dansaient et chantaient, insouciants de leurs camarades agonisants et de l'épidémie qui les guettait. Devant une tente un peu à l'écart, Turner s'arrêta; c'était là que se trouvaient les plus atteints des porteurs. Autour d'un feu qui se consumait, des hommes accroupis, les bras tendus en avant, recueillaient les restes de la chaleur du brasier mourant.

A l'intérieur trois nègres étaient couchés côte à côte; au milieu se trouvait le moribond. Tous semblaient dormir, mais à la lumière de la lampe de Turner, les deux moins malades se dressèrent, secouant leur camarade qui n'avait pas bougé et dont le mauvais état ne semblait pas les apitoyer. Turner saisit alors les deux plus valides et les sortit hors de la tente à coups de pied, au grand contentement de leurs camarades que cette scène inattendue amusa beaucoup. Malgré le peu de vie qui lui restait, le malade manifesta aussi sa joie par un rire suivi de réflexions moqueuses à l'adresse de ses deux congénères. Au sortir de la tente, les porteurs accroupis se levèrent et interrogèrent nos chasseurs au sujet du malheureux qu'ils venaient de visiter. Par des gestes peu respectueux, ces nègres leur firent comprendre ensuite qu'à leur avis la tente serait débarrassée bientôt de celui qui maintenant les encombrait.

Le lendemain le headman informa Albin que le moribond n'avait pas eu la force de passer la nuit; en revanche les autres malades semblaient prendre le dessus.

S'étant alors rendu à la tente mortuaire, Albin en avait fait écarter la plus grande partie des nègres qui l'entouraient.

Le headman avait déjà pris ses dispositions en vue de l'ensevelissement du mort et se préparait à envoyer une équipe armée de ces grands couteaux à lames plates avec lesquels ils creusent le sol au montage des tentes, pour préparer la fosse sur le bord de la rivière en amont du camp.

A l'énoncé de la place choisie, mon secrétaire faillit cravacher l'homme, tant l'endroit semblait contraire à la moindre idée d'hygiène. Sur le bord de l'eau et encore en amont! Vraiment le commandement était bien placé entre les mains de ce nègre. Cependant le mouvement de colère d'Albin passa vite et, prenant lui-même l'initiative de l'inhumation, il fit transporter le corps du défunt enroulé dans une couverture jusqu'à un petit bouquet d'arbres qui s'élevait en plaine, où il le fit enterrer. Malheureusement la dureté du sol empêcha de creuser aussi profond qu'il l'aurait voulu et en revenant au camp le headman ajouta cette petite phrase bien mal placée, en riant : « Il n'y restera pas longtemps avec les hyènes. »

Albin me dit que l'étrange mentalité de ces gens l'a surpassé et que le manque de pitié et de cœur qui semble former le fond du caractère de ces indigènes les a encore plus abaissés à ses yeux.

Au moment où il rentra au camp, un des traqueurs vint en toute hâte à sa rencontre pour l'informer qu'un léopard s'était pris à un des pièges, et lui demander de le faire aider pour le capturer. Ne perdant pas de temps, mes compagnons se mirent de suite en route, armés des engins nécessaires pour cette intéressante prise, sans oublier toutefois de se munir de bonnes carabines pour se défendre le cas échéant.

A une petite distance du camp, le nègre qui les guidait s'arrêta à la sortie d'un buisson et désigna non loin de là, dans les hautes herbes, deux énormes branches que traînait une bête invisible. Il y en a deux, dit le trappeur en apercevant les branchages mouvants. Croyant avoir affaire à forte partie, c'est avec circonspection que les chasseurs s'avancèrent vers

CHACAL ARGENTÉ

SERVAL

PRISE D'UNE CIVETTE

CAPTURE D'UN CHACAL

les léopards qu'ils ne tardèrent pas à distinguer suffisamment pour voir que ces félins n'étaient autre que deux énormes servals pris à nos pièges, et dont ils ne furent pas longs à se rendre maîtres, se servant pour cela d'une fourche spéciale avec laquelle on maintient l'animal à terre, pendant que des aides lui attachent les pattes avec de fortes cordes. Malgré ces précautions, la capture ne fut pas aisée; et pendant la prise du deuxième félin, celui-ci arriva à se faire lâcher suffisamment pour mordre cruellement un des hommes, et se serait échappé si Albin, qui avait vu le mouvement de l'animal, ne s'était jeté dessus à plat ventre, le maintenant sous lui, pendant qu'il lui passait de nouveaux liens. Ils rentrèrent ensuite au camp. N'ayant plus de cages libres, ils eurent l'ingénieuse idée d'en construire une en renversant une table dont les pieds servirent de montants et de supports à de gros fils de fer qui remplacèrent les barreaux de la future prison des félins.

Les jours suivants furent employés à explorer les montagnes voisines et les dépressions de la plaine habitées par des fauves et de nombreuses antilopes appartenant principalement aux genres Impallas et Tragelaphus.

Les pièges donnèrent beaucoup et chaque matin eut ses intéressantes captures. Un jour même, une hyène fut prise à l'un d'eux et donna beaucoup de peine à faire entrer en cage.

CHAPITRE IX

Sur la route du retour. — Préparatifs de départ à travers les massifs des réserves Massaïs. — Une contrée terrible. — Le manque d'eau. — Marches forcées de jour et de nuit pour atteindre la chaîne du N'Gong. — Retour à Nairobi.

Le lendemain de notre rentrée à Narossera, nous nous occupons avec Cuningham des préparatifs de départ pour Nairobi et, dès le matin, une visite de tout le contingent est ordonnée. L'inspection des porteurs, tous plus carottiers les uns que les autres, ne va pas sans mal et il faut la fermeté de notre guide pour en arriver à bout.

Réunis sur une ligne, les hommes passent à tour de rôle devant Cuningham, qui, saisissant chaque nègre par un bras, les fait pirouetter d'une poussée énergique qui impressionne les plus rusés et les empêche de mentir aux questions qu'il leur pose sur leur santé.

La distribution des charges est ensuite faite malgré les protestations des taxidermistes et des Saïs que nous sommes obligés de charger à cause des défections qui se sont produites dans l'effectif du safari à la suite de l'épidémie.

Comme les chariots se trouvent dans l'impossibilité de nous suivre à travers les montagnes que nous allons traverser, nous laissons aux Boers qui les conduisent la plus grande partie du matériel et les nombreuses caisses contenant les spécimens récoltés durant cette expédition, pour qu'ils transportent le tout à Kijabe, d'où ils l'expédieront à Nairobi par l'Uganda Railway.

Les hommes malades et la collection d'animaux vivants prendront aussi la même route, car le parcours que nous allons entreprendre est trop pénible pour qu'ils puissent le supporter.

Le lendemain, de bonne heure, nous levons le camp en suivant un moment le cours de la Narossera que nous quittons pour traverser l'extrémité des plaines arides et dénudées de Loïta. Nous pénétrons ensuite dans une région montagneuse qui présente de grandes difficultés pour le passage de nos montures, mais dont la traversée nous permet d'admirer des sites extrêmement pittoresques. Assez tôt dans l'après-midi, nous atteignons, après une descente presque à pic, les bords du Guasso Nyiro, sur lesquels nous montons nos tentes pour la nuit. Avant le coucher du soleil, les deux frères Déprimoz vont explorer la montagne, d'où ils rapportent une nouvelle espèce d'antilopes, des « Klips Springers », ou sauteurs de rochers. Ces petits animaux, très répandus dans la région et dont j'avais aperçu un spécimen lors de notre passage sur la montagne qui domine le camp, sont d'une vivacité et d'une adresse extraordinaires qui laissent derrière elles les prouesses d'équilibre et les bonds pourtant impressionnants des chamois de nos Alpes, toute proportion gardée, bien entendu.

Nous passons la matinée suivante à chasser sur les bords du Guasso Nyiro, que nous ne quittons que dans l'après-midi, au moment où la plus forte chaleur de la journée est passée. Ce repos donné aux porteurs va nous permettre de leur demander le grand effort qui doit nous faire atteindre, en une marche de nuit et celle de la journée suivante, le pied de la chaîne du N'Gong où nous pourrons seulement trouver un point d'eau certain.

Grâce à un haut-fond de la rivière, nous n'éprouvons pas

MAUVAIS PASSAGE

VERS LES MONTAGNES DU N'GONG

de trop grandes difficultés à en effectuer le passage. De l'autre côté du cours d'eau, nous pénétrons dans les réserves Massaïs dont le Guasso Nyiro est l'extrême limite ouest. Le paysage, quoique montagneux, est d'une aridité désolante malgré l'approche de la saison pluvieuse. A la nuit, nous atteignons une profonde dépression de terrain dont la descente dans l'obscurité ne se fait pas sans mal; la sente étroite que nous suivons alors zigzague à travers de gros rochers et disparaît souvent aux passages des éboulis. Avec l'aide d'une de nos lanternes, un homme marche devant nous indiquant le chemin que nous suivons tant bien que mal, glissant par moment sur des pierres que nous n'avions pu voir et n'ayant pour nous rattraper que des buissons épineux qui nous déchirent les jambes. Les chevaux, livrés à eux-mêmes, nous suivent, nous donnant de grandes inquiétudes chaque fois qu'ils trébuchent derrière nous, car la moindre de leur chute risquerait de nous entraîner avec eux dans l'abîme.

Arrivés enfin dans la vallée, nous faisons un court arrêt en attendant la longue file de nos hommes qui descendent vers nous, éclairés par de rares lumières qui scintillent çà et là sur le flanc abrupt de la montagne.

Nous reprenons ensuite notre longue marche sous le ciel étoilé mais sans lune. A 2 heures du matin, nous atteignons un endroit où les dernières pluies ont laissé un peu d'eau entre de gros rochers.

C'est à ce point, qui porte le nom de « N'Gaminiché », que nous bivouaquons jusqu'à 6 heures. Nous reprenons alors notre pénible étape à travers un pays aussi aride que précédemment, mais où le gros gibier est moins rare, ce qui fait présager que la nature stérile du terrain va changer.

En effet les vallées que nous traversons ensuite sont plus fertiles et les hautes herbes qui y croissent servent d'habitation à de nombreuses antilopes, parmi lesquelles se distinguent des Oryx. Notre pénible étape se continue ensuite dans une région qui devient de plus en plus montagneuse.

Vers 10 heures, tombant d'inanition et de soif, nous nous arrêtons pour attendre les hommes qui portent notre manger et surtout celui à qui l'on a confié un précieux baril d'eau claire. Le safari défile devant nous, mais s'égrène fort loin sur la sente qu'il suit, ce qui est un présage de grande fatigue. Avec l'arrière-garde arrive le porteur qui a notre repas, que nous dévorons en attendant notre eau dont le besoin se fait de plus en plus sentir. Ne voyant toujours pas venir le nègre au petit tonnelet, un de nous part au galop pour hâter sa marche. Une heure après, notre compagnon revient, rouge de colère.

Il a trouvé en effet l'indigène en question couché entre des rochers et le baril... vide. Pour toute explication l'homme, par de grands gestes, lui a fait comprendre qu'étant très fatigué il a trouvé le moyen de se décharger en vidant le précieux liquide. La vérité semble être, au contraire, qu'un groupe de porteurs ayant soif s'est arrêté pour le boire. Nous voilà donc sans eau et sans espoir d'en trouver jusqu'à l'étape.

Fort mécontents, nous remontons à cheval et allions reprendre la tête de la colonne quand nous apercevons un de nos hommes sans charge qui se traîne péniblement sur les traces laissées par la caravane. Nous allons de suite vers lui pour lui demander ce qui lui est arrivé et quel n'est pas notre étonnement en reconnaissant en ce malheureux notre M'Pischi (cuisinier). Ce pauvre homme, qui souffre depuis plusieurs jours d'une affection des voies urinaires, semble aujourd'hui à bout de force; aussi décidons-nous d'un commun accord de lui prêter nos chevaux chacun à notre tour.

Le jeune Déprimoz met le premier pied à terre et invite le pauvre homme à se mettre en selle. L'étonnement du malade à l'offre de notre compagnon est indescriptible et il faut toute notre insistance pour le forcer à l'accepter.

En effet, jamais dans son cerveau de nègre il n'avait pu penser qu'un blanc ou plutôt qu'un Européen, car la première appellation est réservée aux Indiens dans cette partie de l'Afrique, aurait pu pousser la bonté jusqu'à lui faire l'honneur de lui prêter sa monture et à plus forte raison de marcher à pied à ses côtés pour la conduire par la bride aux passages difficiles ou dangereux!

Le chemin que nous parcourons dans l'après-midi se déroule dans une contrée extrêmement rocheuse. A 3 heures nous pénétrons enfin dans la vallée où nous devons faire étape; l'endroit est empreint d'une température sèche mais torride, due à la chaleur des rayons solaires que les rochers se renvoient.

A ce moment, je dois mettre pied à terre, car la fatigue m'a terrassé au point que je glisserais de ma selle si je m'entêtais à rester à cheval. A pied, au contraire, le sommeil pesant qui semblait vouloir s'emparer de moi se dissipe peu à peu. Dans un ronronnement sonore, de lourds scarabées fendent l'air tout autour de nous; jamais je n'en avais tant vu. Malgré le peu d'énergie qui me reste, je me lance à la poursuite de l'un d'eux et ai la chance de le capturer sans grande peine. C'est un insecte du groupe de l'ateuchus sacré des Égyptiens, dont le facies m'est inconnu. Dans ces conditions je promets un bon batchich aux nègres qui me suivent pour me prendre quelques spécimens de ce coléoptère qui me paraît intéressant. Nous continuons ensuite notre marche jusqu'au point d'eau où Cuningham, qui nous précédait, s'est déjà arrêté.

A la vue du point terminus de cette interminable marche, nous avons tous pressé le pas, espérant enfin calmer la soif qui nous tourmente depuis si longtemps. Malheureusement, à notre arrivée toute notre espérance sombre devant l'aspect répugnant d'une mare bourbeuse. Nous voilà donc forcés, tels de nouveaux Tantales, à attendre devant cette eau imbuvable l'arrivée des ustensiles de cuisine qui nous permettront de faire du thé et de filtrer cet innommable breuvage.

Cependant Albin et François, plus particulièrement éprouvés par la soif, rôdent autour de la mare, cherchant sans doute à reconnaître l'endroit où l'eau est restée le plus claire, ou peut-être, gardant en eux-mêmes un dernier espoir, cherchent à découvrir une des sources alimentant ce trou.

Après de longues investigations, le premier finit par trouver un léger filet d'humidité qui semble suinter d'entre les pierres. En un instant les cailloux sont enlevés et le terrain creusé se remplit lentement d'une eau qui devient de plus en plus limpide. Hurrah! nous allons avoir du thé dans une demi-heure. Nos compagnons reviennent alors vers nous et nous nous étendons, en attendant, à l'ombre d'un gros arbre. Albin va alors jusqu'au camp qui se monte et d'où s'élèvent quelques instants plus tard des cris de douleur. Ce sont nos nègres que notre compagnon vient de surprendre buvant tranquillement notre eau, et il les corrige comme ils le méritent. Un quart d'heure après, grâce à cette énergique intervention, un thé succulent nous est servi sur l'herbe.

Le lendemain, après une marche courte mais pénible, nous attaquons les flancs boisés du N'Gong que nous passons dans l'après-midi, allant camper sur le versant opposé en bordure d'une grande forêt qui limite les vastes propriétés d'un fermier boer établi en cet endroit.

Nous quittons ce dernier campement de fort bonne heure,

EXTRÉMITÉ DES PLAINES DE LOÏTA

VALLÉE DANS LES RÉSERVES DU SUD

traversant la forêt dont les arbres, souvent reliés par d'énormes lianes, abritent de nombreux oiseaux ; nous pénétrons ensuite dans une vaste plaine où notre chemin s'agrandit peu à peu pour devenir bientôt une gentille route serpentant entre des plantations qui se font de plus en plus nombreuses à mesure que nous avançons.

A l'horizon, dans la direction du nord-est, s'élève le mont Kénia dont le sommet neigeux brille à travers un léger brouillard.

Nous arrivons à Nairobi dans l'après-midi, où, avec l'aide de Tarlton, je disperse une partie des porteurs inutiles à mes expéditions futures.

Les jours suivants nous nous occupons du rangement et de l'empaquetage des collections dont je laisse finalement le soin à Albin et à Turner, et je pars visiter la vallée du Kédong dont l'étude zoologique doit compléter les documents que nous avons recueillis pendant notre première expédition.

CHAPITRE X

Séjour au Kédong. — La vie dans un ranch anglais. — J'abats mon premier lion. — Chasse à l'oryx. — Jean se distingue en explorant l'extrémité de la vallée. — Chez un Boer. — Nous sommes chargés par un troupeau de buffles. — Un joli tableau de chasse — Poursuivis par un « cobra ». — Rentrée à Nairobi.

Après quelques jours de repos, nous quittons de nouveau Nairobi pour la vallée du Kédong, à peine aperçue durant les premières étapes de mon expédition au Massaïland.

Guidé cette fois par un Settler dont nous avons fait connaissance au Nordfolk et qui veut bien nous héberger dans la ferme qu'il a fondée avec un de ses compatriotes dans ces régions retirées, nous sommes assurés de trouver, avec un bon gîte, la proximité du gros gibier et de la faune locale que je me propose d'étudier.

Grâce à l'Uganda Railway, nous atteignons Kijabe vers trois heures de l'après-midi. A la station, un léger break attelé de deux vigoureuses mules attend, conduit par un Cafre du marquis Horniold, l'aimable associé du capitaine Riddel, qui va nous conduire à travers ces sauvages contrées.

Aussitôt installés dans le véhicule déjà chargé de nos plus lourds colis, notre nouvel ami, qui a pris les rênes, fouette son fougueux attelage qui s'engage sur la sente dévalant vers les plaines de Siswa.

Secoués en tous sens et par moment projetés en l'air par les cahots qui augmentent sans cesse, il est à peu près impossible de se faire une idée de cette descente, à moins d'avoir appartenu à notre artillerie dont les déplacements en campagne peuvent être mis en parallèle avec cette partie de notre trajet.

Rendus enfin dans la plaine, le chemin devient meilleur et la fin de notre voyage se termine agréablement.

La ferme où nous venons d'arriver est située à une des extrémités des terres de nos hôtes et se compose d'un vaste kraal où les plus beaux bestiaux sont abrités en compagnie d'admirables chevaux de races sud-africaines. A quelque distance s'élève la maison d'habitation bâtie en granit et dont l'épaisseur des murs laisse à l'intérieur une fraîcheur agréable. Tout ce que le home anglais a de confortable semble être réuni sous le toit de cette gentille demeure, et l'approvisionnement même de la table ne laisse rien à désirer, étant desservie par un superbe potager qui s'étend jusqu'au Kédong et par une basse-cour où se trouvent les plus belles races de volailles d'Europe.

A moins d'un mille se dresse un des enclos réservés à l'élevage des autruches, dont une équipe d'indigènes relève les grillages abattus la nuit dernière par une harde de zèbres que des lions poursuivaient.

Après plusieurs journées de chasse et de recherches dans les environs, un lion ayant été signalé, Riddel et moi quittons la ferme de bon matin, guidés par un berger massaï qui a aperçu le fauve au petit jour. Montés sur de vigoureux demi-sang, nous ne sommes pas longs à atteindre le lieu où la traque a été relevée. Le sol en cet endroit, encore détrempé par la pluie qui est tombée la nuit dernière, a gardé l'empreinte d'un félin de grande taille dont nous prenons la piste. Nous marchions ainsi à la suite du lion depuis quelques instants quand tout à coup les foulées que nous suivons s'en-

LE RANCH DU MARQUIS HORNIOLD ET DU CAP. RIDDEL

ORYX ABATTU AU KÉDONG

chevêtrent avec celles de toute une famille de fauves forte au moins de neuf individus.

Redoublant alors de prudence, nous nous approchons d'une ravine encaissée où les traces semblent descendre au milieu d'un fouillis de broussailles inextricables.

Ne pouvant pénétrer dans cet endroit, qui sert peut-être de repaire à notre redoutable gibier, Riddel donne ordre à nos pisteurs de jeter de grosses pierres dans les buissons susceptibles de le recéler, pendant que nous avançons un peu en avant de nos hommes.

A peine avons-nous battu quelques centaines de mètres, que nous apercevons entre les fourrés une forme jaune qui se glisse dans les hautes herbes. Mon gunbearer Matibo, qui a vu le premier la bête, nous fait signe de redoubler d'attention. En effet, quelques minutes après, un joli couple de lions s'élance hors du ravin, bondissant à travers la plaine dans la direction d'un petit bois.

A la vue des félins fuyant hors de portée de nos carabines, nous nous sommes élancés en selle et poursuivons notre gibier bride abattue.

Après un demi-mille de course, l'un des félins, probablement hors d'haleine, se rase dans un buisson d'acacias nains, semblant nous attendre au passage. Heureusement mon compagnon a vu la manœuvre et me fait signe de m'arrêter. Laissant alors souffler nos montures, nous traçons notre plan d'attaque. Riddel et moi, chacun à notre tour, allons provoquer la charge du fauve qui va vite se fatiguer et nous laissera ensuite de jolies chances pour le tirer.

Mon compagnon, qui monte un cheval difficile mais bien dressé pour cette chasse, ouvre le premier les hostilités en avançant vers le fauve, dans la direction duquel il tire un coup de feu.

Poussé au paroxysme de la colère par la bravade de son ennemi, le félin se rue aussitôt vers lui en rugissant. Fuyant devant la bête en fureur, le rapide cavalier échappe cependant à la poursuite du lion, qui s'arrête à nouveau en grondant. Je m'avance alors vers l'animal, le cœur me battant à se rompre, pendant que mon cheval, quoique habitué, tremble sous moi. A cent cinquante mètres, je tourne ma monture et tire dans la direction du félin. Le lion ne bouge pourtant pas et je dois tirer à nouveau pour provoquer son attaque. Je fuis alors, couché sur l'encolure de ma bête qui m'emporte dans un tourbillon de poussière que je souhaiterais d'accélérer si cela était encore possible. Enfin, m'étant aperçu que le lion s'est arrêté dans un repli de terrain, je fais signe à mon compagnon de me rejoindre. Ce dernier arrive aussitôt et lance sa monture vers l'endroit où le fauve a disparu. A ce moment, comme il passe près d'un buisson, le cheval de mon ami se cabre tout à coup et pris comme de folie s'arrête roide et projette son cavalier à terre. Je m'élance alors vers mon compagnon, qui s'est relevé aussitôt, et l'aide à reprendre sa monture qui, je ne sais pourquoi, refuse, pendant un moment, à se laisser monter. Nous reprenons ensuite cette passionnante chasse, mais malgré toute la perspicacité de Riddel, il nous est impossible de relever le lion, qui a dû profiter de l'incident pour prendre définitivement la fuite.

Ne pouvant même pas retrouver les traces de notre félin, nous retournons vers nos hommes avec lesquels nous continuons à battre le ravin; mais nous n'en faisons sortir que quatre hyènes mouchetées, de grande taille, dont nous abattons deux spécimens.

Ces animaux, beaucoup plus hauts sur leurs membres antérieurs, présentent une silhouette vraiment curieuse quand elle se détache sur le ciel.

LA CAVERNE DES LIONS

Ayant des mâchoires formidables et doués d'une très grande force, ces animaux mériteraient certes d'être placés parmi les plus redoutables fauves, si leur caractère craintif ne les engageait presque toujours à prendre la fuite devant un individu armé.

Malgré cela, les nombreuses histoires qui circulent à Nairobi sur leur compte laissent entrevoir que dans tous les autres cas les hyènes ne sont pas aussi peureuses que l'on est porté à le croire.

L'aventure survenue à un chasseur qui dormait près de ses chariots, et qui faillit être enlevé par un de ces carnassiers, n'est pas faite pour retirer toute trace de courage à ces animaux, surtout si l'on considère qu'ayant manqué son coup, cette bête revint à la charge quelques instants plus tard et se fit tuer en attaquant à nouveau l'homme qu'elle avait déjà blessé et qui l'attendait cette fois armé de sa carabine.

Les indigènes eux aussi ont souvent à souffrir des hyènes, dont certaines, imitant en cela les vieux lions, deviennent mangeuses d'hommes et rôdent autour des villages dans l'espoir d'y trouver une proie à la faveur des ténèbres.

Au bout du ravin que nous suivions et qui finit en cul-de-sac, se trouve une caverne étroite et basse, qui s'engage sous des grosses roches d'où se précipite un léger filet d'eau qui, à la saison des pluies, doit former une bien jolie cascade.

Sur le sable recouvrant le sol à l'entrée de la grotte, les pas d'un lion ont laissé leurs empreintes qui indiquent que ce fauve a dû s'y réfugier. Malheureusement nous devons nous résigner à l'y laisser en paix, après une tentative infructueuse pour nous glisser dans le repaire; celui-ci est en effet trop bas et ne nous permet pas une liberté suffisante de nos mouvements pour y risquer une attaque.

Le soleil étant déjà assez haut, nous rallions la ferme pour le déjeuner, bien décidés à revenir nous placer à cet endroit à la chute du jour quand le lion se disposera à partir en chasse.

Au coucher du soleil François Déprimoz, Turner et moi, accompagnés de nos pisteurs, partons à pied pour la caverne. Quoique ma carabine 10,75 ait son second coup enrayé, j'ai choisi cette arme de préférence à ma 500, à cause du télescope que je puis fixer sur les canons, et qui me permet de tirer à de grandes distances.

Après une assez longue marche, nous atteignons la ravine, que nous longeons en fouillant des yeux chaque buisson. Tout à coup, mon pisteur Matibo, toujours en éveil, me saisit par un bras, me forçant à me baisser. « Simba! » me chuchote-t-il, en même temps qu'il m'indique un buisson en bordure de la plaine. J'aperçois au même instant, à environ quatre cents mètres, un lion qui est occupé, je ne sais dans quel but, à gratter le sol au pied d'un petit arbre.

A l'annonce du fauve mes compagnons se sont rapprochés et, encore masqués par des broussailles, nous avisons du moyen d'approcher. A quarante mètres un dernier buisson se dresse dans la direction du félin, mais après c'est la plaine rase, coupée à peine par une petite dépression de terrain assez proche où croissent de hautes herbes.

Je me décide donc à me glisser seul jusqu'au dernier arbuste pendant que mes compagnons resteront ici. Deux minutes après, précédé de Matibo qui porte mon calibre 12 chargé de balles J M, je rampe vers le dangereux gibier, qui est toujours occupé à creuser la terre.

Arrivé derrière mon refuge, je m'assois sur le sol à la façon boër, les jambes relevées devant moi, les genoux servant d'appui à mes coudes, puis visant posément je lâche mon premier coup qui frappe la terre un peu en avant de mon but. A la détonation, le lion a levé la tête, puis devinant le danger se retire en hâte vers la ravine. Ayant rechargé aussitôt mon arme, je tire une nouvelle balle qui cette fois l'atteint à une cuisse.

Sous l'empire de la douleur le fauve se retourne alors et, furieux, semble chercher vers quel but il va diriger son attaque. Cette attitude me donne le temps de recharger ma carabine, mais cette fois j'ai beau tirer sur la gâchette, le coup ne part pas, mon premier canon vient de s'enrayer comme l'était déjà le second.

Heureusement, au même moment, Déprimoz me rejoint et tire inutilement ses deux cartouches sur la bête qui, ayant découvert notre refuge, nous charge. « Vite, votre carabine, François, la mienne ne marche plus, » dis-je.

Saisissant aussitôt l'arme qu'il me tend, je m'élance hors du buisson et tire mes deux coups sur le lion qui arrive en rugissant. Sous le choc formidable d'une des grosses balles, le fauve pivote presque complètement et s'écroule, mordant le sol de rage. Nous nous avançons alors vers lui et comme il fait un mouvement à notre approche, nous lui envoyons chacun une balle qui cette fois l'étendent roide.

Nous commençons presque aussitôt le dépeçage et recherchons les projectiles. Le premier a traversé la fesse gauche du lion sans lui occasionner de blessure sérieuse; le second au contraire a fait des ravages effroyables dans la cage thoracique, après avoir brisé la clavicule gauche; quant à ma troisième, tirée un peu de haut en bas, elle a fracassé la colonne vertébrale et est allée se loger dans les poumons, en compagnie de la balle J M, tirée par François avec mon calibre 12.

Sous la direction de Turner, qui nous a rejoints au moment de l'action, quoique n'ayant que des cartouches de petits plombs, l'ouvrage marche rapidement; mais la nuit étant sur le point de tomber nous sommes obligés d'interrompre notre besogne pour regagner la ferme d'où nous envoyons les lampes nécessaires aux hommes que nous avons laissés près du lion et qui rentrent deux heures après chargés de l'animal.

Matibo me dit qu'aussitôt après notre départ, quand l'obscurité eut envahi la plaine, une lionne, probablement la compagne de ma victime, a rôdé pendant longtemps dans les buissons des alentours, en poussant des rugissements lugubres et menaçants qui n'ont cessé qu'à l'arrivée des lumières.

Quelques instants après la rentrée de mes nègres, une danse s'organise en mon honneur. C'est en effet une vieille coutume que l'on suit encore particulièrement chez les peuplades Wakambas, auxquelles appartient justement Matibo.

Rangés en cercle autour de mon pisteur qui s'est recouvert de la peau du lion dont il fait claquer les mâchoires, les nègres dansent, le suivant par moment, puis l'entourent en répondant par une clameur aux principales phases de la chasse que retrace brièvement mon gunbearer.

A chaque instant l'expression de joie des Wakambas retentit. « Cabovi! » hurle Matibo. « Cabovi, Cabovi! » répondent les autres; cette danse effrénée irait jusqu'au délire si nous n'y mettions fin en promettant double ration de nourriture pour le lendemain.

Pendant le dîner, arrosé ce soir au champagne pour fêter mon intéressant trophée, la conversation roule naturellement sur les lions qui ont été la cause de mille aventures. Une d'elles, dont j'ai connu un des témoins sur le paquebot qui m'a amené d'Europe, me semble mériter d'être contée, non seulement parce qu'elle fit beaucoup parler d'elle, mais aussi parce qu'elle fut parfois complètement dénaturée.

F. DEPRIMOZ ET UN DE NOS BUFFLES
ABATTU CHEZ BOOKER

MON PREMIER LION

Je veux parler de l'histoire du lion de Tsavo. C'était au moment de la construction du chemin de fer de l'Uganda, alors que les ingénieurs de la compagnie procédaient à la pose de la ligne, à laquelle travaillaient un nombre considérable d'indigènes dirigés par des Hindous. A cette époque, de nombreux lions habitaient la contrée et un vieux, entre autres, qui fréquentait les environs de la tête de ligne, avait pris la féroce habitude d'enlever chaque jour pour son repas un des travailleurs. Le premier passa sans qu'on y portât grande attention, puis un autre et ainsi de suite jusqu'au jour où, pris d'une véritable terreur, tout le personnel menaça de lâcher pied si on ne les protégeait pas mieux contre le terrible fauve.

Les ingénieurs montèrent alors la garde à tour de rôle, placèrent pour se débarrasser d'un tel voisin des pièges, et employèrent tous les moyens en usage en pareil cas; mais le rusé félin sut déjouer trappes et chasseurs.

Il reprit la série de ses méfaits en enlevant son dîner du côté opposé où se trouvait le guetteur. C'est alors que trois planteurs, excellents sportmen, se mirent en chasse à leur tour et demandèrent à la compagnie de leur prêter un wagon qui la nuit suivante serait abandonné sur la voie près de l'endroit où s'était accompli le dernier crime.

Au coucher du soleil les trois compagnons gagnèrent leur voiture, après un excellent dîner, et prirent leurs dispositions de garde. Le compartiment comportait deux couchettes; deux d'entre eux se couchèrent donc, après une petite lutte de courtoisie pour avoir la place la moins confortable, c'est-à-dire le parquet du compartiment. Cette dernière revint justement à la personne qui me conta l'histoire, et c'est à ce choix qu'elle dut la vie.

L'homme qui le premier prit la garde était naturellement l'occupant de la banquette inférieure, dont la situation se trouvait être au niveau des fenêtres, par conséquent le mieux placé pour surveiller les alentours. Malheureusement pour lui, ne voyant rien de suspect après une assez longue attente, il se laissa aller à somnoler et poussa l'imprudence jusqu'à s'étendre de tout son long.

Pendant ce temps le vieux lion rôdait, cherchant probablement à prendre le vent qui lui apporterait l'odeur d'une victime. Justement une légère brise lui facilita la découverte des chasseurs, et il se glissa jusqu'au wagon.

La portière entr'ouverte permit au vieux mangeur d'hommes de pénétrer facilement dans le compartiment en marchant forcément sur mon compagnon de voyage qui, réveillé en sursaut, se trouva la tête entre les puissantes pattes du lion, dont la crinière lui balayait la figure.

Ayant un homme à la hauteur de sa gueule, le fauve ne pensa pas à celui qu'il avait sous lui et happa le dormeur par la gorge. Le malheureux ne put tenter le moindre effort, et c'est à peine si les puissantes mâchoires de l'animal lui permirent d'émettre un râle sourd, qui pourtant réveilla le troisième chasseur.

Ce dernier, sans se rendre entièrement compte de ce qui se passait, mais saisi de terreur, se précipita en bas de sa couchette et, frôlant le félin, alla s'enfermer dans le lavabo dont la porte était restée ouverte. En voyant l'homme lui sauter presque dessus et au milieu de tout ce bruit, le fauve, quoique surpris, ne lâcha pas sa proie, qu'il traîna hors du compartiment par la portière, s'occasionnant dans sa fuite une blessure, qui permit plus tard de l'identifier.

A peine délivré du poids qui l'écrasait, mon compagnon, qui n'avait osé bouger jusque-là, se jeta sur sa carabine et avec son camarade se porta au secours de leur ami.

Ce ne fut que le lendemain qu'ils retrouvèrent les restes à demi dévorés de l'infortuné chasseur qu'ils ne purent venger, malgré toutes les battues et affûts faits par la suite.

L'honneur d'avoir tué le terrible animal revient à un colonel anglais, mais la fin de ce lion me fut contée de tant de façons différentes, que j'aime mieux m'abstenir d'en parler.

Un fait malheureusement certain, c'est qu'il s'écoula un laps de temps assez considérable entre cette histoire dramatique et l'heureux coup de fusil de l'officier, et que plusieurs hommes furent encore enlevés après la nuit du wagon; cette histoire qui, avec celle où le même lion terrorisa un chef de gare hindou enfermé avec sa famille dans une chambre à la porte de laquelle il grattait, fit de cet animal un être presque légendaire.

La visite de l'extrême limite de la vallée du Kédong devant naturellement rentrer dans notre programme, nous quittons un beau matin le cottage de nos hôtes pour aller l'explorer.

La route que nous devons suivre dans la première partie du trajet est assez bonne jusqu'à la maison d'un des fermiers du capitaine Riddel, qui a à s'occuper, en plus d'un fruitier où poussent de délicieux raisins, d'un petit enclos où sont soignées jusqu'à guérison des autruches malades.

Des petits Massaïs gardent aux alentours de nombreux troupeaux de ces jeunes oiseaux qu'ils mènent devant eux à travers la campagne, et qu'ils ramènent chaque soir au bercail.

Passé ces établissements, nous pénétrons en pleine brousse. La vallée très rocheuse et encore fort large s'étend entre les hauts escarpements Kikuyu et une ligne de montagnes assez abruptes qui font suite au volcan d'Oldoinyo Nyuki qui s'élève au loin derrière nous et sert de limite à la propriété de nos hôtes.

Le gibier, très abondant, s'échappe à tout instant devant nous à courtes distances. Il y a à peu près toutes les bêtes désirables, sauf des gnous, des élans et des kudus; en revanche nous surprenons au sortir d'un bois une bande d'oryx cœlotis aux cornes admirables.

Ces jolies antilopes, extrêmement localisées dans le B. E. A., quoique peu chassées, sont très farouches, et leur chasse nous entraîne jusqu'au grand cirque dénudé qui termine la vallée, encadrée par de hautes collines.

Arrivés en terrain découvert, les oryx se sont arrêtés et observent la direction par laquelle nous arrivons. Nous avons beau ramper à terre pendant plus d'un mille, les intelligentes bêtes ne nous laissent pas diminuer la distance qui nous sépare et à mesure que nous avançons se retirent au pas devant nous.

Nous rendant compte de l'inutilité de notre poursuite, nous abandonnons cette harde pour rentrer à nouveau sous le couvert. Nous marchions ainsi depuis quelques instants quand tout à coup le manège d'une femelle de Steinbuck qui venait de s'échapper presque sous nos pas attira mon attention.

La mignonne antilope, contrairement aux sentiments craintifs de sa race, semblait ne pas vouloir, malgré notre proximité, s'éloigner d'un gros buisson tout proche et près duquel nous arrivons bientôt. Pour voir si réellement son obstination est due à une confiance illimitée en nous, nous lui lançons une volée de pierres, mais contrairement à nos suppositions, cela effarouche à peine la petite bête qui ne s'écarte que de quelques mètres pour revenir aussitôt. A ce moment

PLANTATIONS SUR LES BORDS DU KÉDONG

Matibo lui-même, intrigué par l'attitude de l'animal, découvre le secret de l'énigme en apercevant sous la broussaille une minuscule petite bête, qui est, à n'en pas douter, le produit de la brave antilope. Nous continuons ensuite notre excursion, laissant en paix cette petite femelle qui vient de nous donner un si bel exemple d'amour maternel et qui va retrouver son petit aussitôt après notre passage.

Trois milles plus loin, nous surprenons de nouveaux oryx que nous poursuivons immédiatement et dont l'un de nous finit par abattre un superbe spécimen.

La contrée visitée m'ayant paru intéressante, j'y envoie dès le lendemain mon premier préparateur, qui résidera quelques jours chez le fermier de Riddel pour lui permettre d'étudier la faune locale et de me faire une collection des animaux que l'on peut y trouver.

Le soir même, munis de nos tentes, nous quittons à notre tour le cottage de nos hôtes pour nous rendre au pied des escarpements Kikuyu où nous campons dans le voisinage du ranch de la famille Booker.

Le lendemain dans la matinée, nous allons rendre visite à ce dernier, qui, comme Riddel et le marquis Horniold, s'occupe particulièrement d'élevage.

Descendants directs des premiers Boers, les Booker sont venus se fixer ici après la dernière guerre sud-africaine. Très unis comme tous ceux de leur race, cette famille donne un exemple admirable d'entente et de respect pour les aînés. Booker, le chef incontesté de la maison, est un homme au-dessus de la moyenne, un peu épaissi par l'âge ; il représente du reste bien le type, que nous nous imaginons en Europe, de ces gens énergiques et que la vie d'aventures au grand air a taillés en hercules.

Tireur hors ligne, ce brave homme se double, malgré sa

vie de pionnier, des qualités d'un businessman accompli, dont l'urbanité n'efface pas complètement toutes les petites ruses dont il sait fort bien entourer ses affaires.

Le bungalow où nous nous rencontrons avec nos nouvelles connaissances est situé au pied d'une colline boisée. C'est une maison assez grande, construite dans un style hindou un peu européanisé et se composant d'un unique rez-de-chaussée entouré d'une galerie ouverte, surélevée de deux marches, sur laquelle donnent toutes les pièces et où de confortables rocking-chairs sont installés pour prendre l'air frais du soir.

Sur la façade principale s'ouvre la porte de la vaste salle où se prennent les repas, et qui est prolongée par un petit cabinet de trophées, dont la pittoresque décoration mérite une brève description.

Au fond la peau d'un lion formidable est accrochée en biais sur un panneau de bois entouré d'une jolie collection de massacres d'antilopes; sur la droite s'ouvre une large cheminée décorée de superbes cornes de buffles, avec lesquelles voisinent les armes des Boers négligemment suspendues sur ses côtés.

Juste en face, la fenêtre entr'ouverte laisse pénétrer un rayon de la clarté qui a échappé à deux frais rideaux de toile rouge et blanche.

A terre, des peaux de bêtes féroces remplacent le tapis, cadrant admirablement avec le reste de la pièce, où se trouve seul un bureau en bois foncé encombré d'objets bizarres et entouré de quelques chaises recouvertes en peau de zèbre.

La salle à manger est beaucoup plus simple et rappelle tellement celle d'un intérieur hollandais, qu'il est inutile de la décrire. Je ne dirai rien des autres pièces, si ce n'est qu'une propreté méticuleuse règne partout et que des fleurs ont été disposées avec goût çà et là dans des vases rustiques par l'aimable maîtresse de maison, ce qui jette une note de gaieté dans cet intérieur plutôt austère.

Devant le bungalow se trouve un jardin d'assez petite taille, mais dont les plantes exotiques méritent une courte visite; au centre se dresse un guéridon curieux taillé dans le crâne d'un gigantesque éléphant près duquel on a groupé des chaises construites avec des cornes de buffles assemblées.

Après nous avoir fait visiter son habitation et ses fermes que nous cachaient des haies de verdure, M. Booker nous retient à déjeuner pour régler définitivement les dernières conditions par lesquelles il nous autorise à chasser sur son domaine.

Le repas est prêt au moment de notre retour à la maison, et nous ne sommes pas longs à nous mettre à table. L'air vif des montagnes a creusé notre estomac qui est tout disposé à faire bon accueil aux plats que la mère de notre hôte a confectionnés pour nous; mais dès leur apparition notre appétit ne tarde pas à diminuer, tant ces mets nous paraissent bizarres.

Ce sont d'abord des graines de passiflores mélangées à je ne sais quoi de relevé que l'on nous sert dans de petits verres à bordeaux; puis vient un cuissot de venaison cuit au milieu de fruits extraordinaires que suit une volaille magnifique, malheureusement rendue immangeable par sa cuisson dans une macédoine de racines et de légumes impossible à définir.

Fort heureusement le fameux plat sucré aux sauterelles ne figure pas au menu; peut-être n'est-ce pas la saison? Mais malgré cela il reste assez de choses inconnues pour nous faire une idée de la cuisine boër.

Après ce singulier repas, nous rentrons à notre camp accompagnés par un Cafre de Booker qui doit nous servir de guide. La contrée où nous nous sommes établis est en bordure des grandes forêts qui recouvrent les monts Kikuyu et est extrêmement riche en gros gibier. Rhinocéros et buffles y vivent en paix, à peine poursuivis de temps en temps par les invités du propriétaire de ces vastes territoires.

N'ayant pas encore eu la chance d'abattre de buffles, ma principale préoccupation est de m'occuper à les chasser en premier. Aussi, profitant des dernières heures du jour, nous tentons un essai dans les sous-bois qui bordent la grande plaine et où notre guide pense surprendre le gibier près les mares dans lesquelles il aime à se vautrer, pendant les heures chaudes. Mais contrairement aux prévisions du nègre rhodésien, nous ne relevons que des traces remontant à plusieurs jours.

Le lendemain à 5 heures, nous quittons le camp et descendons en lisière de la forêt, espérant surprendre les buffles au retour de leurs longues randonnées nocturnes en plaine, mais nous arrivons trop tard, car les traces toutes fraîches de leur passage nous indiquent leur rentrée sous bois où nous n'avons plus qu'à les suivre.

Courbés sur les traques qui en se multipliant par moment de chaque côté de la piste nous indiquent que des individus se sont écartés pour brouter isolément, nous avançons à travers le bois qui devient de plus en plus épais, en redoublant d'attention à mesure que nous approchons du méfiant gibier.

Nous marchions ainsi depuis environ une demi-heure lorsqu'un bruit de branches cassées nous annonce que, malgré toutes les précautions prises, les bêtes ont réussi à nous éventer et qu'elles fuient devant nous.

Sur les conseils du pisteur de Booker, nous continuons cependant la poursuite ; car cet homme, qui prétend connaître à fond les refuges et les habitudes de ces buffles, affirme qu'il nous les montrera bientôt.

Nous pénétrons à sa suite dans les taillis, qui sont à cet endroit si fourrés que l'on ne peut voir à dix mètres devant soi ; sans la traque, il nous serait à peu près impossible de passer. Avançant toujours avec lenteur et en lisant la piste, nous remarquons à un certain endroit que les buffles ont ralenti leur allure. Le traqueur relève aussitôt, parmi les empreintes laissées par ces derniers, celles toutes récentes d'un lion qui semble suivre le même troupeau. Cette découverte inattendue nous donne de nouveaux espoirs, car si nous n'arrivons pas à rejoindre notre gibier, peut-être aurons-nous la chance de rencontrer le fauve qui nous précède.

Quelques instants après ce petit événement, un grand fracas d'arbustes brisés s'élève tout à proximité. Ce sont encore les buffles qui, plus près de nous que nous ne le pensions, nous ont de nouveau sentis et pénètrent plus avant dans la forêt. La poursuite devient donc très difficile jusqu'au moment où nous nous heurtons à une véritable muraille de rochers se prolongeant vers l'est et que les bêtes ont dû suivre. Le Rhodésien nous conseille alors d'abandonner les traques et d'essayer de leur couper la retraite. Cette décision nous oblige à faire un long détour mais nous permet de nous placer sur un passage connu de notre guide et vers lequel deux traqueurs essaieront de pousser les bêtes en suivant la piste sans prendre aucune précaution.

L'endroit où l'on nous poste est situé à l'entrée d'une clairière rectangulaire d'environ 60 mètres de large sur une centaine de long, dominant de 4 à 5 mètres un passage extrêmement fréquenté par les gros animaux. A peine y étions-nous installés que le bruit d'une furieuse galopade nous indique que le troupeau entier des ruminants que nous chassons s'achemine dans notre direction.

Mais tout à coup la harde s'arrête tout proche de l'endroit

que nous occupons et, à en juger aux souffles bruyants que certains d'entre eux font entendre au milieu du silence impressionnant qui a succédé au vacarme qui vient de faire retentir les échos de la forêt, nous pouvons en déduire qu'une cinquantaine de mètres nous séparent à peine de notre gibier.

A ce moment une saute de vent se produit et nous craignons qu'elle nous fasse éventer par les buffles; mais, contrairement à nos prévisions de les voir nous échapper à nouveau, la bande se rue cette fois directement sur nous et nous nous attendons à être chargés d'un moment à l'autre.

L'impétuosité avec laquelle toutes ces bêtes, irritées sans doute par nos poursuites successives, dévalent vers nous, a quelque chose de grandiose. Telle une avalanche qui rase tout sur son passage, les arbres sont déracinés ou brisés, et de la clairière d'où nous guettons nos dangereux adversaires, nous pouvons apprécier l'importance de la bande par l'étendue des cimes secouées qui s'inclinent sous le poids des animaux de tête.

Riddel, qui a vite jugé le danger de notre situation, nous crie : « Tirez les premiers buffles qui apparaîtront sur la gauche et jetez-vous sous bois du même côté. » A peine a-t-il achevé sa phrase que la première rangée, le mufle haut, débouche dans la clairière; le crépitement de nos carabines reçoit aussitôt le choc de cette première phalange; sous l'effet de nos balles, trois bêtes s'effondrent, par-dessus lesquelles culbutent celles du second rang, trop emportées par leur élan pour pouvoir se dégager à temps; ces chutes successives d'animaux forment une barricade inespérée, qui a l'heureux effet de faire dévier la formidable charge qui nous menaçait. Cependant ceux de l'aile gauche, débordant leurs camarades, ont envahi la clairière, mais trop lancés pour modifier leur direction négligent leur attaque et poursuivent droit devant eux leur furieuse galopade, entraînant ainsi le reste de la bande.

Comme il était convenu, après la première salve nous nous sommes rabattus sous le couvert des arbres que l'arrière-garde des féroces ruminants vient pour ainsi dire effleurer. Nous devons donc encore décharger nos carabines sur les retardataires, dont trois roulent à terre, mais deux se relèvent aussitôt et reprennent, quoique blessés, leur fuite éperdue; quant à la dernière bête abattue alors qu'elle nous chargeait, c'est un magnifique taureau. Grâce à l'heureuse tactique de notre compagnon, le grand danger que nous courions a été évité et il nous reste, après la sérieuse émotion qui vient de nous étreindre, la satisfaction d'avoir en si peu de temps réussi à remplir efficacement et au delà de toutes prévisions le programme de cette partie de chasse dont les débuts avaient été plutôt malheureux.

Quoique satisfaisant, ce résultat ne saurait arrêter l'ardeur qu'une semblable lutte donne à de fanatiques chasseurs. Aussi, comme il y a parmi le troupeau qui a fui des blessés que nous ne voulons pas perdre, puisque ces bêtes vont indiscutablement succomber dans un laps de temps plus ou moins long, nous décidons de nous mettre à la recherche des animaux atteints. Riddel prend cependant le temps de me faire remarquer l'ordre de bataille des buffles, au moment où ceux-ci poussèrent leur charge. Le groupement intelligent de ces bêtes était toute une tactique : en tête venaient deux rangs d'adultes précédant les jeunes encadrés par leurs mères, derrière lesquelles suivait l'arrière-garde, composée essentiellement de vieux taureaux.

J'avais déjà observé lors d'une chasse à l'éléphant, dans l'île de Ceylan, la formation curieuse qu'adoptent ces pachydermes en semblable circonstance, paraissant obéir à un vieux mâle se tenant à l'arrière et près duquel les autres venaient se grouper après chacune de leurs infructueuses attaques contre les parois du kraal où les shikaris (chasseurs) les avaient poussés.

Assis sur un tronc d'arbre, nous causions de ces mœurs intéressantes d'animaux, lorsqu'un beuglement lugubre, s'élevant de la forêt, attira notre attention. Riddel se leva aussitôt pour repérer la direction d'où partait ce bruit. Puis ce cri indéfinissable ayant cessé, le Cafre de Booker me dit en mauvais anglais : « Chant d'agonie d'un buffle, sir, un de plus. » On prétend en effet que certains de ces animaux poussent avant de mourir le beuglement extraordinaire que nous venions d'entendre.

Nous repartons aussitôt à travers bois vers le point de la forêt où le mugissement vient de retentir et après une heure de marche extrêmement pénible, nous trouvons au bout de la piste que nous suivions le corps d'un jeune buffle mâle. Après avoir repéré l'endroit où gisait cette nouvelle victime, et étant revenus vers notre point de départ, nous retrouvons une nouvelle traque intéressante à suivre et qui nous conduit cette fois vers un blessé.

Comme on le sait, le buffle grièvement atteint a l'habitude, après s'être enfoncé dans les fourrés, de revenir sur sa piste par un crochet. Dissimulé derrière quelque gros taillis il attend son adversaire, sur lequel il s'élance lorsqu'il a jugé le moment opportun. Connaissant ce trait particulier de leurs mœurs, nous avancions prudemment sur la traque facile à suivre par les traces de sang laissées sur le sol, quand tout à coup l'homme qui nous précédait se rejette violemment en arrière et manque de renverser Riddel qui le suivait; presque au même moment, et dans un bruit de branches cassées, la forme d'un énorme buffle traverse à deux mètres de nous. Au hasard je lâche dans la direction de la masse qui fuit un coup de fusil, et nous prenons aussitôt sa piste, qui nous entraîne dans des endroits de plus en plus sauvages. Après quatre nouvelles attaques où chaque fois la bête manque de peu de nous encorner, Riddel parvient à placer efficacement une balle, qui permet à François de finir l'animal par un joli coup d'adresse qui lui traverse le cœur. Nous sommes encore en présence d'une femelle, mais plus forte que les premières abattues.

Harassés par ces différentes péripéties et particulièrement par les efforts nécessités pendant la dernière poursuite accomplie aux heures les plus chaudes de la journée, nous décidons de nous en tenir là pour aujourd'hui et abandonnons la recherche de notre sixième victime.

Le tableau est des plus honorables et comporte un taureau, trois femelles et un jeune mâle qui constituent enfin le groupe que je cherchais depuis si longtemps.

Nous prenons congé de Booker et rallions le soir même la ferme du marquis Horniold, laissant mon préparateur surveiller le dépeçage des buffles.

Après une fort longue marche en montagne avec Riddel, nous pénétrons dans la vaste plaine où serpente le Kédong, sur la rive duquel on aperçoit au loin les baraquements des kraals qui nous masquent le cottage vers lequel nous nous dirigeons.

Pour abréger notre marche, nous traversons un des enclos de l'élevage d'autruches, où notre passage agace un vieux mâle, un coq comme on dit ici, qui nous poursuit à plusieurs reprises et nous oblige à nous défendre en tirant en l'air et en faisant des moulinets avec nos carabines que nous avons prises par les canons.

Au coucher du soleil, exténués de fatigue, torturés par la

soif et la faim, car nous n'avons rien pris depuis 5 heures du matin, nous arrivons à la ferme où nous pouvons enfin nous réconforter et prendre un bon repos.

Le surlendemain, Jean rentre de son expédition avec une superbe collection, dans laquelle se trouvent quelques rarissimes spécimens de rongeurs.

Nous passons les jours suivants à chasser les oiseaux et les diverses antilopes de la région, sans qu'aucun fait saillant mérite d'être relaté. Ce n'est que la veille de notre départ pour Kijabe que se produisit une petite aventure assez curieuse.

Après une pénible excursion sur la montagne qui barre la plaine au nord du massif de Siswa, nous rentrions à pied après une journée de chasse aux Redbucks de Chandlers dont nous rapportions un splendide exemplaire, quand, en traversant une prairie aride, un sifflement curieux nous fit retourner. A moins de 20 mètres un cobra de plus de 6 pieds de long, le cou dilaté par la colère et la tête redressée à plus de 50 centimètres du sol, nous donnait la chasse. Vraiment la fière prestance de ce serpent avait quelque chose de superbe et son courage en s'attaquant à notre groupe effaçait presque complètement le sentiment de dégoût que l'on éprouve malgré soi à la vue d'un reptile.

Le premier moment de surprise passée et l'animal n'avançant que lentement, Turner chercha dans sa poche des cartouches de petits plombs pour remplacer celles de chevrotines dont son fusil était chargé, et qui auraient par trop endommagé la peau de ce beau spécimen.

Continuant notre prudente retraite pour laisser le temps à notre compagnon de choisir ses munitions, nous observions à la dérobée notre assaillant.

Turner ayant rechargé son arme, nous nous arrêtâmes pou

QUELQUES-UNES DE NOS CAPTURES

TURNER S'OCCUPANT DE L'EMPAQUETAGE DES PEAUX
ET AUTRES SPÉCIMENS

lui permettre de le tirer. Le reptile, maintenant tout proche, continuait à avancer crânement vers nous, la tête haute; mais au moment où mon chef taxidermiste pressait sur la détente, le cobra disparut tout à coup, comme englouti par une trappe.

Un trou béant, que nous n'avions pas aperçu, indiquait seul la retraite du serpent qui en nous intimidant avait réussi à atteindre l'entrée de son repaire.

Nous eûmes beau creuser ensuite; il nous fut impossible d'arriver au fond du trou qui s'enfonçait fort loin sous la terre.

Le lendemain de cette dernière aventure au Kédong, nous prenions le train pour Nairobi où nous arrivions sans encombre le même soir.

CHAPITRE XI

Expédition au golfe Kavirondo. — De Nairobi à Kisumu. — Le grand lac Victoria. — Nous frétons un voilier. — Chasses diverses. — Retour nocturne en pirogue. — Le pays des aigrettes, des crocodiles et des hippopotames. — Nous manquons de faire naufrage. — Rentrée à Port-Florence. — Un beau coup de fusil.

Avec mon séjour au Kédong se terminait la partie la plus importante de mon voyage zoologique. Cependant, comme parmi les espèces que je tenais à rapporter il me manquait pas mal de spécimens rares d'oiseaux aquatiques, je décidai de me rendre sur les bords du Victoria Nyanza dont la richesse ornithologique est bien connue.

Deux jours après notre retour à Nairobi, nous repartons donc pour Port-Florence, point terminus de l'Uganda Railway sur le grand lac. Le train devant partir à deux heures et demie, nous déjeunons à la gare afin de pouvoir surveiller par nous-mêmes l'embarquement de tout le matériel et celui non moins important du personnel indigène.

Installés confortablement dans un compartiment spacieux de l'express qui fait le service régulier de l'Uganda (protectorat), nous quittons la capitale du British East Africa à l'heure précise de l'indicateur. Au coucher du soleil nous passons Kijabe et descendons sur Naivasha que nous atteignons malheureusement dans la nuit très sombre, qui nous prive ainsi de la vue du joli lac rendu fameux par la périlleuse chasse qu'y fit Roosevelt.

Le train nous emporte ensuite vers Nakuru où nous arrivons vers une heure du matin, après avoir assisté sur notre dernier parcours à un féerique incendie de brousse qui ravageait les flancs escarpés des montagnes de Mau.

Nous apprenons à Nakuru, à notre grand désappointement, que le train n'allait pas plus loin. Nous protestons alors auprès du chef de gare sur cet arrêt forcé auquel nous étions loin de nous attendre et, après une longue discussion, j'obtiens qu'il fasse accrocher les wagons qui nous sont nécessaires à un convoi postal qui doit quitter Nakuru vers 3 heures du matin.

Ayant deux longues heures à attendre, nous en profitons pour aller nous restaurer à l'unique hôtel situé près de la gare, et tenu par un ancien chasseur de fauves, très connu dans la colonie, qui malgré l'heure avancée nous reçoit avec la plus grande hospitalité.

Par un superbe clair de lune, nous regagnons ensuite notre train à l'heure indiquée, et surprenons chemin faisant deux audacieux petits chacals rôdant, tels des chiens domestiques, autour de la station. Un battement de mains suffit cependant pour occasionner à ces carnassiers la plus grande frayeur, et ils regagnent à toutes jambes la brousse la plus proche.

A 4 heures moins un quart, le train démarre sans bruit; déjà plongés dans le sommeil, nous ne nous sommes pas aperçus du départ et, à notre réveil, nous nous trouvons au milieu de hautes montagnes. De grand matin le train atteint le point culminant de la ligne, où s'élève la station de « Mau Summit ».

A cette altitude à une heure si matinale, la température est assez rigoureuse et une légère couche de gelée recouvre même le sol. On nous apprend là qu'une avarie de machine nécessitera un arrêt assez long pour la réparation.

NOTRE PLUS JOLIE CAPTURE VIVANTE : UN ÉLAN

MME X... QUI GARDA FORT AIMABLEMENT NOS PETITS LIONS PRIS AUX ENVIRONS DE NAIROBI

Pendant ce temps nous descendons sur la voie où déjà un autre voyageur, privilégié comme nous, se promène de long en large. A notre vue l'inconnu nous salue d'un cordial « Good morning », prélude d'une longue conversation qui ne manque pas de m'intéresser. L'homme, en effet, éprouve le besoin de nous conter sa vie, qui s'est presque toute écoulée dans l'Afrique Australe. Pionnier, puis chercheur de diamants ou d'or, ce pauvre homme nous dit toutes les déconvenues qu'il a éprouvées dans sa rude existence d'aventurier.

Une fois pourtant il trouva, dans un « creck », un gros diamant qu'il revendit brut 28 000 francs, mais combien d'autres rivières scruta-t-il en vain, avant de retrouver de minuscules pierres qui lui permirent de vivre tant bien que mal jusqu'au jour où il eut la bonne idée de monter une échoppe de denrées alimentaires au milieu des clans d'un fameux placer. Du coup il fit fortune en débitant des tranches de saucisson à 25 francs pièce; mais des tripots s'étaient montés tout autour de sa boutique, où les prospecteurs venaient en foule jouer la poudre ou les pépites de leur placer, quand ce n'était pas la propriété elle-même de tout leur clan.

Le malheureux commerçant se laissa entraîner comme les autres et ses beaux bénéfices prirent le même chemin que les fortunes à peine amassées des principaux joueurs.

Aujourd'hui, il est chargé par la compagnie du chemin de fer de recruter des travailleurs parmi les indigènes. La tâche est du reste ardue, car la plupart des tribus refusent de quitter leur territoire pour aller travailler hors de leurs régions. Malgré ses plus belles promesses, ce pauvre homme, qui est payé suivant les résultats obtenus, nous dit le peu de prospérité de ses affaires.

Il se rend maintenant chez les Kavirondos, qu'il espère plus crédules que les autres peuplades déjà visitées.

La contrée environnant l'endroit où notre train stoppait semble des plus prospères, car de nombreuses fermes s'élèvent de chaque côté de la ligne. Malgré la proximité de ces habitations et du bétail domestique, des troupes assez nombreuses d'une nouvelle espèce d'hartebeest (Bubalus Jacksoni) paissent tranquillement dans les vertes prairies.

Ce n'est que vers 10 heures et demie que nous atteignons la jolie petite station toute fleurie de Lumbwa, où se trouve un bungalow de la Compagnie et où nous avons le temps nécessaire pour faire un assez bon déjeuner.

Le paysage devient ensuite très sauvage et nous ne rencontrons bientôt plus ni habitant ni gibier, quoique la végétation paraisse plus vigoureuse à mesure que nous nous abaissons et que la chaleur augmente. A peine quelques rares oiseaux s'envolent à l'approche du train et se perchent sur les arbres touffus qui s'élèvent en assez grand nombre au milieu des hautes herbes qui envahissent toutes les vallées. Turner, à qui je manifeste mon étonnement à ce sujet, attribue cette pénurie zoologique au climat extrêmement malsain de la contrée. Continuant à descendre, nous entrons ensuite dans une large vallée limitée au nord par une haute chaîne de montagnes, s'étendant au loin sur la droite, alors que du côté opposé les collines s'affaissent petit à petit pour former une région peu mouvementée.

Nous sommes bientôt en plein pays Kavirondo ; sur le passage du train, des Indigènes, hommes et femmes de ces nouvelles tribus, se pressent en curieux ; tous ces individus sont d'une telle simplicité de costume que ceux de nos ancêtres Adam et Ève dans le paradis terrestre n'auraient rien eu à leur envier. Quoiqu'un peu choqué à la vue de ces gens, dont la majorité est entièrement nue, l'œil s'habitue vite à leurs silhouettes de bronze et bientôt distrait par le paysage de ces nouvelles régions, le voyageur n'y prête plus la moindre attention.

Dans l'après-midi nous arrivons à Kisumu (Port-Florence), point terminus de la ligne de l'Uganda Railway, dont la station a une grande importance, en raison du trafic qu'elle reçoit de la conséquente et fertile colonie de la côte occidentale du Nyanza. La voie du chemin de fer court jusqu'à un quai tout au bord du lac, où sont amarrés, près des docks couverts, des petits paquebots aux lignes élégantes attendant la correspondance des courriers pour Entebbe, Kampala Jinja et autres ports de la côte de l'Uganda, dont ils rapportent leurs cargaisons de coton, café, caoutchouc, cisal et autres produits exotiques.

Sur le rivage, en contre-bas de la gare, s'élève un important dack bungalow, servant d'hôtel aux voyageurs qui pour une cause quelconque doivent séjourner à Kisumu : il n'y a pas en effet la moindre auberge dans le pays, c'est donc là que nous devons nous installer.

La véritable bourgade, qui disparaît sous la verdure, est à un quart d'heure du port, sur les flancs de la colline qui le domine et où l'on accède par une large route.

Les habitations les plus coquettes sont groupées autour d'une petite église des Pères Blancs, sur le flanc du coteau faisant face au golfe Kavirondo.

Cet embryon de cité, occupée presque exclusivement par les employés du chemin de fer et de la compagnie de navigation, semble devoir devenir de jour en jour plus florissante, et les quelques magasins et échoppes tenus par les Indous donnent déjà l'impression de commerces très prospères.

Du bungalow, la vue s'étend également sur le lac, où, à quelques encâblures de la rive, des voiliers se balancent sous le clapotis des vagues venant du large.

Plus loin se trouvent les Docks, puis une longue promenade ombragée construite sur le remblai d'une digue importante qui sert de refuge à des bandes de cormorans venant s'y reposer après leurs ébats aquatiques; un cap assez long termine cette baie et empêche de juger de l'importance du vrai lac.

Les indigènes appartiennent à une fort belle race, et la majeure partie d'entre eux sont bâtis en athlètes. Au dire des peuplades voisines, ces gens ont de grandes qualités, dont une, très rare chez les nègres, est la chasteté, vertu que l'on croirait fort éloignée de ces peuplades, qui ont complètement banni de leurs habitudes celle de porter le moindre costume. L'explication de cette coutume se trouve pourtant aisément quand on vit quelque temps dans leur voisinage. Pêcheurs depuis des générations, ces gens habitent bien entendu sur les bords immédiats du lac, au beau milieu des marais dans lesquels ils rentrent, aussitôt qu'ils sortent de leurs huttes. Toujours dans l'eau pour le moins jusqu'à la ceinture, il était inévitable que ne trouvant rien de pratique pour se vêtir ils en arrivent à vivre complètement nus. Du reste, les Kavirondos, appelés à passer quelque temps hors de leurs marécageuses contrées, ne sont pas les moins coquets parmi les indigènes de la colonie, aux yeux desquels ils passent pour être très dépensiers pour leur toilette, poussant la recherche du costume jusqu'à s'habiller dans les maisons européennes de Nairobi.

Décimées par la maladie du sommeil, ces populations commencent à peine à se remettre du coup que leur a porté ce terrible fléau. Heureusement le mal semble dès maintenant en bonne voie de diminution, grâce aux mesures énergiques, pour ne pas dire draconiennes, que les Anglais employèrent pour enrayer le mal. Ils contraignirent, en effet, ces indigènes à déserter les berges du lac, qui leur fournissaient pourtant leur seul moyen d'existence, la pêche, et firent brûler tous les herbages contigus au Nyanza, sur une profondeur de plus de 4 kilomètres, en vue de détruire l'espèce de tsé-tsé qui véhiculait le trypanosome de cette maladie. Les résultats obtenus par de tels moyens ne pouvaient manquer d'être excellents, ces insectes n'évoluant qu'à l'ombre humide que leur fournissait la flore côtière du lac.

Le soir même de notre arrivée, Turner nous abouche avec un pêcheur danois, propriétaire d'un des bateaux ancrés au large, avec lequel je finis par m'entendre pour partir quatre jours après.

Le lendemain d'assez bonne heure, nous quittons le bungalow pour chasser dans les environs, nous dirigeant vers le golfe Kavirondo qui prolonge le grand lac jusqu'à Kisumu.

A peine avions-nous passé la ligne des arbres qui bordent la digue dont j'ai déjà parlé, et comme nous venions de charger nos armes, qu'une bande de hérons blancs s'élève presque sous nos pieds. Croyant avoir affaire à des aigrettes, je lâche aussitôt mes deux coups de fusil, qui produisent un résultat extraordinaire. Groupés probablement très serrés, c'est une véritable pluie blanche qui tombe sur le sol, où nous comptons quatorze spécimens dont la parure est heureusement fort belle. Nous continuons ensuite notre chemin, tirant de jolis oiseaux.

A une heure de marche de là, nous rencontrons un pêcheur boer avec qui nous lions conversation et qui veut bien nous servir de guide pour la soirée, nous promettant de nous faire faire une chasse extraordinaire au coucher du soleil, et que nous pourrons prolonger par une visite aux Hippos, très nombreux. Cédant aux instances de cet homme,

Jean et moi venons le prendre vers 4 heures de l'après-midi. Quelques instants après, nous filions vers le fameux endroit indiqué par le boer. Après la traversée de toute une plaine de marécages, nous atteignons, au coucher du soleil, un tout petit étang de forme rectangulaire, entouré de grands marécages dont les derniers papyrus forment les trois principaux côtés, laissant un tout petit espace de terre ferme et sablonneuse sur sa quatrième rive.

A notre arrivée, une grande quantité de palmipèdes et d'échassiers s'ébattent sur la petite plage, mais dès les premiers coups de feu, c'est une envolée générale. Par centaines, tous ces oiseaux, de formes, de tailles et d'espèces variées, se réfugient dans les papyrus, dont le couvert impénétrable leur offre un abri des plus sûrs. Heureusement ce départ, quoique rapide, ne nous empêche pas de faire chacun un bon doublé, qui couche à terre, en plus de deux ibis, un magnifique courlis métallique et trois petits canards. Sur le conseil de notre guide, nous nous dissimulons ensuite dans les papyrus, chacun à l'une des extrémités de l'étang, attendant de nouveaux oiseaux.

Le soleil disparaît peu après, et bientôt des myriades de canards et d'oiseaux de toutes sortes viennent s'abattre sur cette mare. C'est alors une fusillade presque sans interruption, car à peine une bande s'est-elle envolée, effarouchée par les détonations, qu'une autre plus importante vient se jeter sous nos plombs.

Nous faisons ainsi une véritable hécatombe d'oies de grande taille, de canards, d'ibis marrons, de courlis et de hérons de plusieurs espèces, dont un superbe Goliath. Jamais chasseurs ne furent plus favorisés. La nuit étant tombée, c'est sous un magnifique clair de lune que nos tirs continuent. Enfin, vers 9 heures, manquant de munitions, nous abandonnons la partie. Le tableau est fantastique et compte près de cent pièces.

Mangés par les moustiques qui tourbillonnent autour de nous, nous rentrons à Kisumu surchargés de notre intéressant gibier. Encouragés par ce merveilleux début, nous prenons notre dîner en hâte, pour repartir passer le reste de la nuit à la chasse à l'hippopotame.

Suivant le chemin que nous avions parcouru dans la matinée, nous atteignons rapidement la cahute du Boer; notre guide nous entraîne ensuite par un autre sentier tortueux, vers une rivière assez large, que nous passons sur un arbre mort jeté d'une berge à l'autre. Sur l'autre rive toute trace de chemin disparaît, et c'est à travers un dédale de papyrus que nous nous acheminons vers le lac. Des nuées de moustiques nous assaillent de plus en plus, et sans nos masques de gaze nous serions littéralement dévorés; ces terribles insectes parviennent malgré tout à traverser nos vêtements et c'est à chaque instant de nouvelles piqûres, qui nous font cruellement souffrir.

Vers 11 heures, nous atteignons enfin le bord du lac et avançons avec précaution au milieu du marais, où nous enfonçons à chaque instant. La lune heureusement éclaire le paysage et nous permet d'apercevoir la grande étendue d'eau du golfe qui s'étend sur notre droite comme une petite mer intérieure.

Nous avancions ainsi depuis près d'une heure, quand tout à coup, au milieu d'un bruit de roseaux brisés. le galop pesant d'un pachyderme se fait entendre, faisant trembler le sol. Quelques secondes après, l'ombre d'un énorme hippopotame passe à quelques mètres de nous, en éclaboussant tous les environs et en imprégnant au terrain un tel mouvement que nous enfonçons dans la vase jusqu'aux cuisses; dans cette situation, il nous est impossible de tirer l'animal.

« Le vent est mauvais et souffle de terre, il faut changer de direction », nous dit le Boer. Nous revenons alors sur nos pas, mais au lieu de reprendre le chemin de l'aller, nous continuons à suivre le bord du Nyanza.

A chaque instant le bruissement produit par la puissante respiration des pachydermes qui nagent en bordure du marais se fait entendre, prouvant qu'une grande quantité de ces animaux habitent la contrée. Deux fois encore, deux hippopotames qui étaient montés à terre regagnent l'eau à notre approche sans que nous puissions les apercevoir. Vers 2 heures, le vent étant de moins en moins favorable à cette chasse, nous décidons de rentrer.

A ce moment un bruit de pagaies résonne dans le calme de la nuit et, nous étant rapprochés de la rive, nous distinguons la silhouette de deux longues pirogues qui passent au large. Une idée vient à notre guide : « Pourquoi ne pas employer ces embarcations pour le retour? » et aussitôt il hèle les rameurs, leur enjoignant de venir nous chercher. Soit qu'ils n'aient pas entendu ou qu'ils refusent de répondre à l'injonction de notre homme, les indigènes continuent leur route, semblant même augmenter leur vitesse. Notre guide fait alors un nouvel appel plus énergique, mais qui n'obtient pas plus de satisfaction. Perdant patience, le Boer vise une seconde, puis tire deux coups de feu dans la direction des Kavirondos. Obéissant immédiatement à cette menace, les deux esquifs manœuvrent de notre côté, et cinq minutes ne sont pas écoulées qu'ils abordent devant nous.

Chargés de poterie et de riz, ces gens rentraient dans leur tribu, après avoir fait leurs achats à Kisumu. Comprenant que nous avions besoin de leurs services et avant même que

PIROGUE DE GUERRE

NOTRE VOILIER

nous le leur demandions, ils déchargent une de leurs pirogues pour la mettre à notre disposition.

Quelque temps après, casés tant bien que mal dans l'étroite et longue barque, nous sommes enlevés par une vigoureuse équipe de douze rameurs, qui s'entraînent en chantant. Très satisfaits de la tournure que prennent les événements, nous escomptions un prompt retour, sans la moindre anicroche, quand tout à coup, à environ 100 mètres du bord, un grincement inquiétant se fait entendre, arrêtant net notre embarcation qui s'incline et manque de chavirer; avec une adresse merveilleuse, les nègres reprennent cependant l'équilibre, mais malgré tous leurs efforts nous ne parvenons pas à démarrer; nous sommes échoués sur un récif.

Après un quart d'heure d'efforts, le bateau refusant toujours de faire le moindre mouvement, les Kavirondos, après quelques hésitations bien compréhensibles, se risquent à rentrer dans l'eau malgré les nombreux crocodiles qui certainement les guettent. Heureusement aucun des nègres n'est happé pendant la dangereuse et dernière manœuvre qu'ils tentent pour se remettre à flot, et quelques instants après nous voguons à nouveau vers Port-Florence.

Le reste du voyage ne se passe cependant pas sans autres péripéties, car deux fois nous manquons de retourner la pirogue en changeant de place, et à la dernière nous la remplissons à moitié d'eau. Peu de temps après les feux du port s'allument dans le lointain et nous abordons au môle principal.

Nous passons les jours suivants à différentes recherches. Le navire étant enfin prêt, nous levons l'ancre le cinquième jour au matin. Le vent étant assez frais, notre voilier sort assez rapidement de la crique de Kisumu pour aborder bientôt les flots du grand golfe, où d'assez fortes vagues se font sentir.

La vue, de notre petit bâtiment, est fort pittoresque, car de chaque côté les rives extrêmement verdoyantes se découpent capricieusement dans la côte, sur laquelle se brise le flux mousseux des eaux azurées du lac.

Vers 10 heures, nous nous éloignons de la berge droite pour louvoyer vers le sud en longeant de vastes marais de papyrus.

Au soir, après un merveilleux coucher de soleil, nous jetons l'ancre à une cinquantaine de mètres de la rive.

De très bonne heure nous sommes éveillés par le raclement particulier des hippopotames qui respirent à fleur d'eau autour de notre bateau, que sa présence en ces lieux solitaires paraît singulièrement intriguer.

Le lac étant calme, nous nous décidons à les chasser et sautons, à cet effet, dans l'unique et minuscule canot du bord. Malheureusement, malgré l'affluence de cet important gibier, nous ne pouvons arriver à l'atteindre, notre tir étant modifié par le moindre de nos mouvements. Nous descendons alors à terre, pensant être plus heureux, mais ne pouvons y surprendre aucun de ces pachydermes; nous abattons, en revanche, un fort joli lot d'oiseaux aquatiques.

Dans l'après-midi nous rejoignons le bord et faisons voile pour une grande baie, qui s'ouvre à l'embouchure d'un des affluents du Nyanza où nous arrivons à la nuit.

Le lendemain de bonne heure, nous apercevons une bande de pélicans blancs et de spatules, posés sur un banc de sable qui relie deux minuscules îlots, situés à quelque distance du rivage et à moins de 200 mètres de notre voilier. Nous en décidons la chasse et embarquons aussitôt dans le canot que conduit le Danois. Arrivés à bonne portée, nous lâchons une bordée sur la troupe d'oiseaux, mais juste au moment notre rameur donne un coup d'aviron qui nous fait tout manquer.

PÊCHEUSES KAVIRONDOS

LA RELÈVE DES FILETS

Nous nous rattrapons heureusement dans les îlots, où nous faisons une hécatombe de plongeurs, cormorans, hérons, aigrettes, etc. Puis nous remontons la rivière, qui coule entre d'énormes touffes de papyrus qui forment, à cet endroit, de véritables petites forêts. Le gibier y est également abondant, ce qui nous permet de jolis coups de fusil, mais un de ceux-ci manque de me coûter cher. En effet, ayant abattu un grand héron, je suis obligé de débarquer dans le marais pour le ramasser. J'avançais alors à travers les papyrus, lorsque tout à coup le sol manque sous mes pas et sans la présence d'esprit que j'ai à ce moment d'étendre les bras horizontalement, je passais sous le lit flottant des hautes herbes aquatiques...

Mouillé jusqu'à la ceinture, mais heureux de m'en tirer à si bon compte, je regagne notre barque qui ne tarde pas à être remplie d'oiseaux divers.

Au coucher du soleil, il nous est donné de voir un spectacle admirable. Des troupes de plus en plus nombreuses d'aigrettes regagnent les petits îlots voisins qui leur servent de refuges pendant la nuit et viennent se percher en compagnie de noirs cormorans qui les ont précédées. Chaque groupe de nouvelles venues semble chercher la place qu'elle a l'habitude d'occuper, et des petits combats se livrent pour obtenir les meilleurs perchoirs. Le coup d'œil est magnifique lorsque, volant au ras de l'eau bleu sombre, les jolis échassiers, rosés par les feux du soleil couchant, décrivent de gracieux cercles autour des sombres îlots de papyrus.

Nous venions de prendre le repas du soir, et nous nous apprêtions à rejoindre nos couchettes installées sur le pont, quand un bruit de rames, pourtant presque imperceptible, attira notre attention. Deux minutes après la forme d'une pirogue de guerre se dessine dans la nuit. Par prudence nous armons nos fusils et attendons ce qui va se passer. La lune n'étant pas encore levée, je prépare notre unique lampe électrique, au cas où nous aurions besoin de lumière.

La barque indigène est maintenant toute proche et d'un seul coup je braque dessus mon minuscule projecteur. Un peu surpris par le faisceau de lumière, les indigènes, après un amical bonsoir, nous crient qu'ils ont à nous causer et nous abordent à l'avant.

L'homme qui semble être le chef et qui parle assez bien Swahili saute sur notre pont et nous dit que si nous voulons leur abandonner la viande, il se fait fort de nous faire conduire au petit jour dans un endroit rempli d'hippopotames et de crocodiles.

J'accepte, bien entendu, l'offre aimable du sauvage et après une longue conversation je règle avec lui l'heure de notre départ. Le lendemain, à l'heure dite, deux légères pirogues, dont les pagaies sont entourées de linge, pour éviter le bruit en battant l'eau, viennent nous chercher.

Nous quittons notre petit navire juste comme le soleil se fait pressentir derrière la côte, et que les aigrettes par petits paquets regagnent leurs habitats diurnes.

Après avoir parcouru une longue distance en suivant la rive sud-est, nos rameurs nous conduisent dans une large baie dont nous n'avions jamais soupçonné l'existence, tellement l'entrée est cachée par les marais. A l'intérieur, des masses grisâtres se meuvent çà et là sur les berges, mais se précipitent à l'eau à notre approche. Ce sont des hippopotames. Jamais je n'aurais pensé qu'il fût possible d'en voir autant au même endroit. Malheureusement, ils sont très farouches et c'est dans leur élément que nous devons nous résigner à les tirer. Nous basant sur leurs courtes apparitions et sur les bulles d'air qu'ils laissent à la

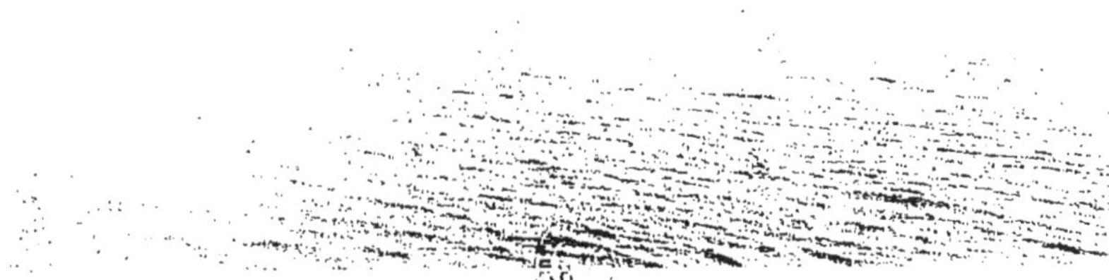

FILETS PLACÉS PAR LES INDIGÈNES

GROUPE DE KAVIRONDOS

surface quand ils viennent y respirer, nous nous approchons de l'un d'eux et au moment où son énorme tête roussâtre sort de l'eau, je le tire un peu en dessous de l'oreille; un remous fait malheureusement osciller notre embarcation et me fait manquer mon but. Chaque pirogue se lance ensuite à la chasse d'un côté différent.

Vers le milieu de la journée, nous nous arrêtons un instant sur une des rives pour prendre rapidement notre repas, pendant que nos pagayeurs se relayent avec une nouvelle équipe provenant de leur village, dont on aperçoit les huttes assez hautes, au milieu des maigres cultures.

Nous reprenons ensuite notre chasse, mais n'arrivons qu'à blesser mortellement deux hippopotames qui coulent au fond du lac, et que nous viendrons rechercher le lendemain, quand les gaz les feront flotter.

Le soir, en rentrant, nous avons la désagréable surprise de trouver notre voilier presque rempli d'eau, la pompe du bord ne fonctionnant plus, et le Danois ne s'étant pas donné la peine de le vider; nous sommes donc obligés de le faire nous-mêmes, à l'aide d'écopes et des casseroles disponibles. De plus, en essayant de remettre la pompe en état, notre marin a ébranlé une partie de la vieille membrure, déjà réparée, par laquelle l'eau s'infiltre de façon inquiétante. Nous devons donc toutes les deux heures songer à éviter l'inondation de notre esquif par des procédés de fortune.

Cette sérieuse avarie nous oblige à envisager un retour rapide à Kisumu, si dans la journée de demain nous n'arrivons pas à obtenir une étanchéité plus complète du bateau.

L'évacuation de l'eau a dû être faite à tour de rôle pendant toute la nuit et les premières heures du jour sont employées à calfeutrer tant bien que mal les fissures.

Avec Jean nous attendons la pirogue indigène qui doit venir nous prendre pour rechercher les hippopotames atteints la veille ; mais quoique le soleil se soit levé depuis longtemps, aucune barque karivondo ne vient vers nous.

A 7 heures, n'ayant aucune nouvelle des indigènes, nous prenons le canot, et ramons vers notre lieu de chasse du jour précédent, où nous arrivons vers 10 heures et demie.

Quelques sauvages seuls sont en vue, montés sur des petits radeaux, faits de bottes de papyrus assemblées, qu'ils poussent à l'aide de longues perches. Ne voyant pas de trace de nos deux pachydermes, nous abordons au village pour nous renseigner, mais il nous est impossible d'obtenir le moindre renseignement, car nous ne rencontrons que des femmes qui, bien entendu, semblent être complètement ignorantes du fait.

Nous parcourons ensuite la baie interrogeant les quelques indigènes que nous pouvons rejoindre, mais tous nous disent ne rien savoir et appartenir à une autre bourgade.

Nous rejoignons alors notre bateau, car le temps qui s'est couvert nous fait présager un fort orage, qui s'annonce déjà par une assez forte houle.

A notre retour nous retrouvons notre voilier dans le même état qu'hier soir, nos compagnons n'ayant pu effectuer les réparations nécessaires.

De l'avis du Danois que nous mettons au courant de nos infructueuses recherches de l'après-midi, les Kavirondos nous ont volé nos deux hippopotames, dont la valeur (viande, peau et ivoire), représente, bien entendu, un plus grand profit que celui du meilleur batchich.

L'orage éclate quelques instants après notre rentrée, et le lac, jusqu'alors assez calme, devient terrible. Sous un ciel de plomb rougi par les éclairs qui se succèdent sans interrup-

LAC VICTORIA — PIROGUE KAVIRONDO

LAC VICTORIA — LA BAIE DES HIPPOPOTAMES

NYANZA — DÉPEÇAGE D'UN CROCODILE

FORÊT DE PAPYRUS SUR LE NYANZA

tion, des vagues courtes mais de plus en plus violentes se jettent à l'assaut de notre petit navire, qui est secoué en tous sens et craque lamentablement.

Après une nuit passée à lutter contre le mauvais temps, nous levons l'ancre pour rentrer à Port-Florence; mais avec le jour, le vent qui soufflait en tempête cesse complètement, et c'est à peine si nous parvenons à faire quelques milles dans la journée.

Vers le soir un nouvel orage nous surprend, sa force est telle que malgré le peu de toile que nous avons gardée, notre bateau bondit sur les flots du lac, déchaînés en furie. La nuit ajoute ses dangers à ceux que nous fait courir la tempête. Pour comble de malchance, notre Danois, qui a bu un peu trop de whisky pour se donner du ton, semble incapable de continuer à nous diriger, car il manque de jeter son voilier sur un récif; heureusement Albin redresse la barre à temps et prend la direction du bateau.

En pleine nuit, nous doublons le petit cap qui sépare le golfe Kavirondo de la rade de Kisumu, mais à ce moment le vent est si fort qu'en virant de bord nous manquons de chavirer. Enfin, vers minuit, des feux s'allument au loin; ce sont ceux de Port-Florence. Maintenant nous sommes certains d'être dans la bonne voie.

Ce n'est qu'au petit jour, après avoir longtemps croisé devant les jetées et après mille difficultés pour aborder par un pareil temps, que nous parvenons à rentrer au port.

M'étant procuré les principaux spécimens ornithologiques pour lesquels j'avais décidé cette petite incursion au pays Kavirondo, je décidai de rester à Kisumu le temps nécessaire pour compléter mes collections.

Ce fut pendant ce court séjour que mon premier préparateur eut la chance d'abattre une des plus belles antilopes du pays. Parcourant seul un matin les bords du lac, les foulées fraîches d'une harde de grosses bêtes l'avaient fort intrigué. Aussi s'était-il lancé immédiatement à leur poursuite. Après une assez longue marche, la piste l'entraîna dans un marais de papyrus où il surprit enfin une petite troupe de kobs de l'Uganda. Un magnifique mâle fermait justement la marche de la harde, se retournant de temps à autre pour brouter. Profitant habilement de l'abri des buissons, Jean arriva assez facilement à se rapprocher suffisamment pour lâcher à coup sûr son coup de fusil et à abattre la jolie bête de sa première balle.

Le lendemain de ce bel exploit cynégétique, nous fîmes une fructueuse chasse aux crocodiles où Jean et Albin se montrèrent fort adroits. Malheureusement le climat pernicieux de cette région infestée de malaria se manifesta bien vite, et mon brave préparateur en ressentit le premier les terribles atteintes et dut s'aliter pendant plusieurs jours, en proie à l'implacable fièvre paludéenne.

Plus ou moins touchés nous-mêmes par la maladie, aucune expédition, de quelque importance qu'elle fût, n'était possible; aussi, profitant du mieux qui se faisait sentir dans l'état de notre compagnon, décidâmes-nous, pour terminer notre séjour en Afrique centrale, de faire une rapide excursion en touristes à travers les contrées de l'Uganda, toutes proches et si intéressantes.

CHAPITRE XII

Un tour en Uganda. — Sur le *Winifried*. — L'œuvre de nos missionnaires. — Arrivée à Jinja. — Les sources du Nil. — Kampala. — Trente-deux milles en rikshaw. — Entebbe. — Retour à Kisumu. — Départ de Turner pour le mont Elgon. — Fin de mon séjour en B. E. A.

Le navire qui doit nous transporter en Uganda, le *Winifried*, est un joli steamer aux lignes harmonieuses, mesurant 70 à 80 mètres de long et jaugeant environ 800 tonneaux. Actionné par une seule machine assez puissante pour lui imprimer une vitesse normale de 12 nœuds, ce petit paquebot est une des principales unités de la Compagnie, qui, comme les locomotives de l'Uganda Railway et tous les vapeurs naviguant sur le Nyanza, est exclusivement chauffé au bois.

Le *Winifried* est d'une properté remarquable en dépit des marchandises variées qu'il embarque à l'aller comme au retour et du va-et-vient continuel d'une foule d'indigènes Kavirondos, employés pour les besoins de l'embarquement et l'arrimage du considérable stock de fret de toute sorte qu'il prend dans ses cales.

En raison du nombre limité des places, nous avons retenu les nôtres assez longtemps d'avance au siège de l'Uganda Railway à Nairobi ; ainsi avons-nous pu obtenir d'assez bonnes cabines qui, quoique un peu exiguës, sont cependant assez confortables pour une aussi courte traversée ; leurs couchettes munies de moustiquaires protègent assez bien les passagers contre les désagréables moustiques attirés en masse par la lumière électrique du bord. Cette précaution est d'autant plus utile que dans cette contrée abonde le dangereux anophélès, transmetteur de la malaria, facilement reconnaissable par son attitude toute spéciale durant son vol.

Fort heureusement la plus grande partie de ces gênants diptères ne s'éloignent guère des berges et disparaissent dès que l'on prend le large; mais la clarté en retient cependant assez à l'intérieur pour harceler les passagers.

Pendant la journée la partie du pont arrière réservée aux occupants des premières classes est abritée du soleil ardent par une double tente dont les côtés, formant bas volets, retombent jusqu'à mi-hauteur du pont, où le vent résultant de la marche du navire entretient une fraîcheur fort agréable.

Ces steamers étant affectés presque exclusivement au transport des marchandises, plus rémunérateur dans ces pays que les traversées de voyageurs relativement peu nombreuses, on n'a pas prévu de salle à manger spéciale pour les quelques passagers qu'ils peuvent embarquer, et pour cette raison ceux des premières prennent leurs repas en commun avec les officiers du bord dans leur carré installé sur l'extrême arrière.

Le navire devant appareiller de bonne heure, nous sommes au petit jour sur le quai d'embarquement, surveillant le transport des colis nécessaires à notre déplacement. Nous nous installons ensuite dans nos cabines en attendant l'heure du départ qui doit avoir lieu après l'arrivée du courrier de Nairobi que notre vapeur va porter en Uganda, et qui suivant sa coutume est fortement en retard. Enfin vers 8 heures le train entre en gare et bientôt trois coups de sirène annoncent notre appareillage; l'hélice formant alors un fort remous bat ses premiers tours, soulevant les eaux calmes du lac qui vont se briser sur la rive. Puis le navire sort de la jetée augmen-

VUE DU PORT DE KISUMU

UN STEAMER SUR LE LAC VICTORIA

tant petit à petit sa vitesse et met le cap sur le golfe Kavirondo que nous ne sommes pas longs à atteindre, et que nous traversons assez rapidement. Après un excellent déjeuner, nous passons entre un étroit goulet aux bords extrêmement pittoresques et rentrons dans le véritable lac qui s'étend jusqu'à l'horizon, tel une mer intérieure.

Les rives, très vertes, restent cependant visibles vers le nord jusqu'au soir, et ce n'est qu'au coucher du soleil que nous perdons la terre de vue. Après le dîner les passagers vont fumer sur le pont, mais une forte houle, qui s'est levée avec la nuit, m'indispose légèrement et m'oblige à regagner ma couchette.

Le lendemain matin, malgré un arrêt que notre navire a fait dans la nuit, nous sommes de bonne heure en vue du port de Jinja, situé au fond d'une anse profonde, d'où émergent des îlots à la végétation luxuriante qui endiguent cette partie du lac.

Les eaux, entraînées par la déclivité, s'engouffrent ensuite dans une jolie vallée, pour venir former à cet endroit le cours supérieur du Nil. Aussitôt à quai, notre débarquement s'effectue par une jetée qui se termine par le bureau des douanes, où j'ai l'avantage de rencontrer le gouverneur du district, M. Ismonger.

M'étant adressé à ce haut fonctionnaire pour obtenir quelques renseignements zoologiques, ce gentleman m'autorise fort aimablement à chasser tous les animaux qui peuvent m'intéresser et m'exprime tous ses regrets de ce que ma mission ne me retienne pas plus longtemps dans les régions soumises à son influence, car il aurait été heureux de faciliter mes recherches de tout son pouvoir. Ayant l'autorisation de pénétrer sur le sol Baganda, nous profitons des quelques heures d'arrêt de notre paquebot pour aller visiter les fameuses Rippon's falls que nous atteignons par un étroit sentier à flanc de coteau longeant les rives de cette extrémité du lac au milieu d'une végétation très vivace de hautes herbes.

Un peu avant les chutes qui se forment à l'extrémité d'un petit promontoire, la masse des eaux qui, plus loin, va devenir le haut Nil, présente près d'un kilomètre de large, séparé en trois parties par des îlots rocheux, entre lesquels le flot écumant se précipite en cataractes.

La vue est alors admirable et, par instants, de superbes arcs-en-ciel se produisent dans les vapeurs qui s'élèvent assez haut dans le ciel. Après ces bonds fantastiques, le fleuve s'engage dans la vallée où il zigzague vers le nord, au milieu d'une flore merveilleuse.

D'énormes poissons sautent dans le tourbillon des eaux au-dessous des chutes, malgré la violence du courant, et nous nous amusons un bon moment à observer leurs ébats.

Nous revenons ensuite sur Jinja en suivant la rive à travers les hautes herbes, où nous abattons de jolis oiseaux-mouches. Plus loin, en suivant une traque d'hippopotames, qui sont par ici particulièrement nombreux, nous surprenons une antilope, puis, à plusieurs reprises, des crocodiles qui, à notre approche, regagnent rapidement le Nil.

A notre retour à Jinja, nous nous rendons chez l'aimable gouverneur qui nous offre un excellent thé dans son bungalow, situé sur une hauteur au milieu des cottages européens, dont la réunion forme à cet endroit un petit village charmant, qui disparaît presque complètement sous les fleurs et la merveilleuse végétation de leurs jardins.

Nous regagnons ensuite le port en compagnie de notre hôte et d'un de ses amis, qui vient de faire un travail admirable sur les oiseaux du pays qu'il a très artistement représentés dans leurs poses favorites sur des planches splendides.

UGANDA

LE PREMIER COURS DU NIL

LES SOURCES DU NIL *(Rippon's falls)*

VÉGÉTATION SUR LES BORDS DU FLEUVE

Le soir notre steamer quitte Jinja et nous conduit le lendemain à Kampala-Port. Pour nous rendre à la ville, qui est à plusieurs milles dans l'intérieur des terres, nous trouvons sur la digue un camion automobile du gouvernement qui va prendre nos bagages, et de légères rickshaws, spécialement commandées par les voyageurs préférant ce mode primitif de transport, qui a son charme, au lourd véhicule automobile dans lequel on entasse voyageurs et colis.

Les petits Bagandas, venus exprès de Kampala, tiennent à la main le billet où est inscrit le nom du voyageur pour lequel ils sont retenus, de sorte que nous trouvons très facilement nos voitures pour la continuation du voyage vers la capitale. Enlevés par une vigoureuse équipe de quatre indigènes dont trois poussent la voiture pendant que le quatrième, placé dans les brancards, en dirige la marche, nous ne sommes pas longs à atteindre la ville, bercés dans le fragile pousse-pousse dont la marche rapide et légère est accompagnée par le chant monotone et tout à fait spécial de ces coureurs.

Sur un rythme régulier, l'homme qui conduit la rickshaw crie une courte chanson qu'il compose ordinairement sur les voyageurs et que ses camarades interrompent après chaque phrase, en répétant les derniers mots auxquels ils ajoutent pour terminer, l'expression : « Tu as raison. »

Le chemin que nous venons de parcourir ne mérite pas de description, car il serpente presque continuellement entre les plantations de café, de bananiers, etc., des indigènes qui cultivent presque la totalité de leurs terres.

Notre arrivée à Kampala a lieu par une large avenue bordée d'arbres qui abritent les devantures des échoppes des commerçants indigènes. Plus loin, les arbres disparaissent et nous pouvons mieux voir les constructions de tôle ondulée ou de bois, que les marchands, pour la plupart Goanais ou Hindous, ont montées sur les bords de ces larges routes qui forment la partie essentiellement commerciale de la ville.

Kampala, qui fut autrefois la capitale de l'Uganda, ne l'est plus maintenant que de nom, car le gouvernement britannique a transporté sa principale résidence à Entebbe. Le roi a pourtant gardé dans Kampala sa demeure habituelle située sur une colline voisine, à proximité de ses ministres et du parlement natif qui gouverne l'Uganda, sous le contrôle, bien entendu, du gouverneur anglais.

Après notre passage dans le quartier indien, nos rickshaws atteignent d'un dernier effort le sommet de Nakasero Hill où se trouvent les offices du gouvernement anglais et les principaux cottages et bungalows européens, près desquels s'élève le fort où la musique d'un régiment du « King African Rifles » se fait entendre.

Tout près de cette ancienne forteresse, un magnifique golf a été tracé, et comme le soleil est sur son déclin, de nombreux joueurs, en costumes clairs, suivis de leurs « cadets » natifs, poursuivent une partie que l'on doit juger fort intéressante, si l'on s'en rapporte à l'importance de l'assistance qui en suit les péripéties.

A peu de distance des derniers « green », se trouve l'unique hôtel du pays, dans lequel nous nous installons assez bien. Profitant des dernières heures du jour, je vais rendre visite au gouverneur militaire de la colonie, l'aimable colonel Windham, dont j'avais eu le grand plaisir de faire la connaissance, lors de ma traversée de France à Mombasa, et qui habite justement le Nakasero. De sa propriété nous dominons l'ensemble de la ville, curieusement bâtie sur chaque sommet des collines environnantes, que séparent de profondes et vertes vallées.

En face de nous s'élève Kampala-Hill, où l'on remarque un

LA VOITURE DU ROI

UN MARIAGE A KAMPALA

vieux fort converti en musée; puis ce sont Namirembe-Hill, sur lequel se trouvent la cathédrale anglicane et les bâtiments de plusieurs écoles professionnelles pour filles et garçons; Kasubi-Hill, où l'on distingue la tombe du terrible roi M'Tesa, célèbre par les sacrifices humains qui eurent lieu sous son règne; Mengo-Hill avec le cottage royal dont j'ai parlé; et enfin M'Sambya-Hill, occupé par nos braves missionnaires, appartenant aux congrégations des Pères Blancs et des Pères de Saint-Joseph, auxquels l'Uganda doit beaucoup de sa civilisation.

Ce fut sous le règne du fameux roi M'Tesa (1860-1880) que nos premiers missionnaires firent leur apparition dans ce pays, recevant un accueil fort cordial du roi.

Trouvant dans le caractère baganda un terrain des plus propices, ces dignes hommes convertirent fort rapidement des milliers d'indigènes. A la mort de M'Tesa, son fils M'Wanga monta sur le trône, mais n'ayant ni l'intelligence, ni l'énergie de son père, le nouveau souverain, poussé par les marchands d'esclaves et les caravaniers musulmans, que la présence des blancs gênait considérablement dans leurs ignobles trafics, ne tarda pas à décréter la persécution des catholiques.

C'est par centaines alors que les chrétiens périrent dans des tortures épouvantables, qui n'ébranlèrent pourtant pas la foi de ces catéchumènes, qui, jusque sur les bûchers, confessèrent leur nouvelle religion.

Malgré tout, et quoique fortement réduits comme nombre, nos missionnaires réussirent à se maintenir jusqu'au jour où le féroce tyran, laissant parler entièrement ses instincts barbares, s'attaqua aux musulmans eux-mêmes, qui l'abandonnèrent, le laissant seul au milieu de ses conseillers païens.

Quelque temps après, une révolution forçait M'Wanga à fuir pour laisser le pouvoir à son fils aîné Kiwema, qui le passa bientôt à son frère musulman Kalema. Pendant ce temps M'Wanga, proscrit, demandait asile aux missionnaires français, qui le convertirent.

Profitant de sa nouvelle religion pour devenir le chef du parti chrétien, l'ancien roi forma une armée et réussit à reconquérir ses États. Plus tard, à la suite d'une révolte musulmane, M'Wanga fit appel à l'Impérial British East Africa Cie, qui, sous les ordres de Jackson et du capitaine Lugard, vint au secours du souverain en péril, et consolida son pouvoir.

Mais en même temps qu'elle venait soutenir le chef de l'Uganda, l'Angleterre allongeait la main sur cette nouvelle colonie que le parti français de nos missionnaires ne put lui disputer, malgré son influence et la propagation de notre langue qu'il y avait déjà répandue.

De nos jours, maintenu fermement sous la férule britannique, le peuple baganda, sous l'effort des Pères Blancs et pasteurs des missions anglicanes, évolue d'une manière admirable. Vêtus décemment, doux, polis, honnêtes et braves, les Bagandas, modelés par la seule voie possible de civiliser les indigènes, tranchent d'une façon extraordinaire sur les peuplades voisines, restées hors de l'influence de notre religion; par leur abnégation et leurs martyres, les Pères sont parvenus à tirer de ces gens méfiants, comme tous les hommes de couleur, de bien éloquentes et édifiantes vertus, en dépit de leur sauvagerie naturelle, mais intelligente.

Le lendemain de notre arrivée à Kampala, nous repartions pour Entebbe, utilisant une des merveilleuses routes qui sillonnent en tous sens ce riche et magique pays et dont l'entretien parfait a mis en mode le cyclisme, que pratiquent la

TYPES DE BAGANDAS

UNE PLACE DE KAMPALA UN JOUR DE FÊTE

majorité des natifs, et l'automobile qui, quoique encore à l'usage des Européens et du roi, ne tardera pas à s'y développer, en raison de ces excellentes voies de communication. Désirant rester dans la note la plus pittoresque, nous fîmes choix d'une rickshaw pour nous rendre vers la nouvelle capitale, Entebbe.

Quoique le mauvais temps ait fait rage la nuit dernière, nos coureurs marchent bon train, ruisselant sous les averses qui accompagnent la première partie de ce petit voyage.

Malgré le temps gris des premiers milles, le trajet nous émerveille à chaque instant, et à mi-route nous traversons un endroit tellement pittoresque que je force les hommes à ralentir leur allure. A cet endroit, en effet, une végétation folle s'élève des deux côtés du chemin, des arbres voisins des ficus se dressent hardiment au-dessus d'un mélange de buissons aux fleurs inconnues et aux lianes qui enchevêtrent les taillis, ou se cramponnent aux racines aériennes des caoutchoucs qui viennent prendre terre au milieu de plantes extraordinaires.

Plus loin, des haies de cactus nous masquent la brousse environnante, d'où s'échappent des milliers d'oiseaux granivores, bengalis, cordons bleus, amaranthes, etc., groupés par bandes qui dévastent les plantations de « mils ».

Puis, après une forte descente, le Nyanza nous apparaît tout à coup, s'étendant au loin avec ses îles à la végétation sombre qui font encore ressortir les eaux claires de l'immense lac sur lesquelles se reflètent les terribles rayons du soleil africain.

Encore quelques tours de roue en bas de la côte, et nous rentrons dans Entebbe par une avenue bordée de banians magnifiques; plus loin, ce sont des jardins resplendissants de fleurs et de plantes rares qui s'étagent des deux côtés du chemin. Nous zigzaguons ensuite un moment entre les cottages élégants de la petite cité, descendant rapidement vers l'embarcadère où notre paquebot attend les passagers, annonçant déjà son prochain départ par de vigoureux coups de sirène. Cet appel me laisse un grand regret : celui de ne pouvoir, faute de temps, aller visiter l'hôpital que les Pères Blancs ont édifié pour soigner les indigènes atteints de la maladie du sommeil ; j'ai eu toutefois l'occasion de faire une intéressante photographie en cours de route, représentant une malheureuse femme atteinte du terrible mal, que l'on allait conduire précisément à cet établissement.

Une heure après notre embarquement, le *Winifried* levait l'ancre, nous ramenant vers Port-Florence où se terminait mon voyage. Au bungalow de Kisumu nous retrouvons Turner, qui a profité de notre excursion pour former la caravane avec laquelle il va se rendre sur les flancs du mont Elgon pour faire des recherches que je n'ai malheureusement pas le temps de continuer.

Le lendemain, après avoir serré la main à mon précieux auxiliaire, nous prenons le train pour Nairobi, passant, cette fois de jour, le splendide lac Naivasha encadré par les montagnes de Mau et sur lequel se détachent, tels de gros navires à l'ancre, des petites îles qui disparaissent presque entièrement sous les papyrus.

A Nairobi tous mes colis avaient été préparés par les soins de Tarlton et quelques jours plus tard nous abandonnions la capitale du B. E. A. et ses beaux territoires de chasse, que je quittais bien à regret, mais en espérant trouver dans nos matériaux recueillis d'intéressantes découvertes qui compenseraient largement les fatigues et les privations que nous venions d'endurer.

Quatre jours après, nous quittions définitivement l'Est

FEMME ATTEINTE DE LA MALADIE DU SOMMEIL

LE PORT DE JINJA

africain anglais pour Zanzibar Beira et la Rhodésie, où des amis m'attendaient. Laissant à mon premier préparateur, J. Déprimoz, le soin du transport de nos bêtes vivantes, qu'un cargo-boat devait prendre quelques jours plus tard, à destination de Marseille.

NOTES
SUR L'ORGANISATION D'UN SAFARI

Je pense qu'à la suite du récit de mon expédition au Massaïland anglais, quelques détails techniques pourront intéresser le lecteur, ainsi que les règles principales des lois britanniques que les voyageurs sont obligés d'observer dans ces contrées, pourtant si lointaines, et où toute trace de civilisation a disparu.

La première chose importante dans l'organisation d'un safari est indiscutablement le « portage », variant avec les régions que l'on doit visiter.

Le plus classique, mais aussi le plus onéreux, consiste dans l'emploi de porteurs indigènes commandés par un chef natif et surveillés par un certain nombre d'Askaris armés, chargés de la protection et de la police de la colonne.

Le prix d'une telle caravane varie bien entendu avec son importance. Les gages d'un porteur revenant à 16 francs par mois auxquels s'ajoutent son équipement, composé de : un tricot, une couverture, une gourde, un couteau, et d'une tente pour six hommes avec les marmites et assiettes en métal pour leur cuisine, il est facile de connaître le prix de revient d'une expédition, quand on sait que le séjour de deux mois dans la brousse, pour un blanc, nécessite une trentaine de porteurs. Le plus grand inconvénient de cette sorte de safari, qui est certainement le plus rapide, réside dans l'alimentation des hommes, qui consiste en mealie-meal ou posho, dont le prix est fort avantageux (5 fr. 80 la charge de 30 kilos, nécessaire à chaque homme pour un mois) mais dont le transport nécessite une forte partie du contingent.

Heureusement le gibier permet souvent d'économiser cette nourriture encombrante, mais il faut veiller par soi-même à ce que les nègres ne s'en nourrissent pas exclusivement, car étant très friands de la viande, certains en mangeraient facilement quatre ou cinq livres en un repas et ne tarderaient pas à tomber malades.

Un autre moyen de transport consiste à employer les petits ânes indigènes qui portent deux charges chacun et trouvent leur nourriture en chemin et dans les environs de l'étape, ce qui est très appréciable pour un long voyage, mais bien entendu ce genre de caravane ne peut parcourir que les pays complètement épargnés par les tsé-tsé.

Le troisième mode de portage est celui par wagons, c'est certainement le moins cher et le plus pratique, car ces lourds véhicules peuvent porter jusqu'à 1 500 kilos, pour le prix de 25 francs par jour, y compris le conducteur boer et ses aides cafres, sans que le voyageur ait à assumer les risques que courent les seize ou dix-huit bœufs de l'attelage.

Si cependant ces lourds convois ont beaucoup d'avantages, il ne faut pas se dissimuler les nombreux inconvénients qu'ils présentent par leur lenteur, et il est presque impossible de s'en servir dans les endroits un peu accidentés.

Les chevaux de selle pour la chasse présentent aussi une grande difficulté dans leur choix, car si l'on veut un cheval assez vite pour forcer le lion, il n'est pas moins important d'emmener une bête qui puisse se contenter de ce qu'elle trouvera en route. Or ces deux qualités se rencontrent rare-

TURNER PENDANT SES CHASSES SUR L'ELGON

GRUES KAVIRONDOS (*B. pavonina*)

SERPENTAIRE
DE LA PROVINCE DU NYANZA

ment ensemble et il est prudent de s'y prendre d'avance pour trouver l'animal désiré. A mon avis, comme il n'y a pas de chevaux originaires de la colonie, le mieux est de choisir dans les poneys somalis ou abyssins dont le prix varie entre 800 et 1 000 francs.

La deuxième cause du succès réside, à mon avis, dans le choix des pisteurs, car c'est un point capital d'en avoir de bons. Les Somalis sont particulièrement recherchés, à cause de leur habitude de la chasse au lion dans laquelle ils se sont pour ainsi dire spécialisés. Ce sont malheureusement des gens exigeants à tous les points de vue, mais on peut trouver aisément des hommes les égalant dans les anciennes tribus anthropophages Wakamba, dont le courage et les ruses naturelles à leur race ont fait des hommes de tout premier ordre, qui n'ont pas les mêmes défauts.

Ajoutons à ces gens un bon cuisinier, que l'on choisira dans les races Swahili ou Baganda, et passons à la question du campement, qui se place bien entendu immédiatement après celle du recrutement du personnel, mais qui est beaucoup plus difficile à traiter, les goûts de chaque voyageur variant avec son caractère. Il me suffira donc de dire que différentes maisons de France, d'Angleterre et même de Nairobi sont à même de fournir, aux plus difficiles, tout le matériel nécessaire, et la Newland-Tarlton Cie ou la Boma-Trading Cie de cette dernière ville, se chargent même d'en faire la location à des prix fort avantageux pour ceux qui se risquent une seule fois à vivre la belle vie de la brousse.

A mon avis, il est cependant indispensable d'emporter les conserves de France, car ces sortes de produits n'atteignent, dans aucun autre pays, les qualités de ceux qui sortent de nos premières marques.

Passons maintenant en revue les principales armes, qui

dans ces dernières années se sont signalées aux chasseurs.

Le fait le plus important sur ce sujet, toujours si discuté, réside dans les progrès et les perfectionnements réalisés dans la fabrication des armes de petit calibre qui ont aplani bien des difficultés, notamment au point de vue de l'évaluation des distances.

On peut aujourd'hui, avec des petites carabines, faire des tirs très efficaces sur un gibier de grande taille, y compris le buffle, à des distances relativement grandes. Aussi les armes de petit calibre à répétition semblent-elles être très en faveur parmi les chasseurs anglais de l'Est Africain. Entre autres marques, on peut citer la Ross-Eley fabriquée au Canada, dont on m'a vanté les prodigieux effets. Mais, malgré les services incontestables que peuvent rendre ces armes pratiques, légères et puissantes, un chasseur de gros gibier ne saurait se passer d'une carabine de gros calibre à deux canons tirant des cartouches à la cordite ou son équivalent.

De l'avis de gens très autorisés, la plus recommandable serait celle du calibre anglais de 450, mais en vertu des lois récentes, ces armes ne peuvent être introduites dans les colonies britanniques; seuls les calibres 475 et 500 sont admis et sont par conséquent les plus recherchés, la 577 étant réellement un peu trop forte. Quant aux armes employées par mon expédition, elles étaient toutes de fabrication française, sortant de la maison Guyot, 12, rue de Ponthieu, à Paris, sauf une excellente Westley Richard de 10/75.

Notre armement se décomposait comme il suit :

2 carabines 9 m/m, 3.

2 carabines 500.

1 carabine W. Richard.

Les deux premières tiraient une balle de 18 gr. 7 avec une

vitesse de 685 m. à 25 m. pour une charge de 3 gr. 70 de poudre B. N. 3. F.

Les secondes, dont la charge était de 6 gr. 50 de poudre B. N. 3. F. C., lançaient une balle du poids de 37 gr. qui atteignait la vitesse de 623 m. à 25 m. Je ne parlerai pas de la W. Richard qui est connue de tous les chasseurs.

Ces armes de tout premier ordre nous rendirent les plus grands services et malgré l'usage journalier que nous en fîmes, elles ne subirent aucun déréglage; je suis donc heureux d'exprimer ici toute ma satisfaction au fabricant.

Il est toutefois utile de faire remarquer le grave inconvénient qu'il peut y avoir pour un chasseur, devant se rendre si loin, d'adopter des armes d'un calibre spécial exigeant un type de munitions qu'il est difficile, sinon presque impossible de se procurer dans les colonies.

Le choix des calibres courants est donc préférable; il permettra, en cas d'épuisement ou de pertes de munitions en cours de route, de se ravitailler avec des marques comme Eley ou Kynochs, qui sont très bonnes et que l'on trouve à peu près partout. On ne risque pas ainsi d'avoir plusieurs armes immobilisées.

Pour les munitions de petit calibre, les Anglais ont une préférence marquée pour les balles très pointues, blindées, avec bout en cuivre, ou demi-blindées, garnies d'un bout en plomb. Ces balles laissent, paraît-il, derrière elles, comme efficacité, les modèles à bout conique; mais je n'ai pas eu l'occasion ni d'en faire l'expérience ni de voir des résultats.

Celles que nous avons employées étaient cependant des balles demi-blindées à bout en plomb, en forme de cône tronqué, légèrement arrondies, et nous avons pu juger, même sur des distances variant entre 200 et 300 mètres, et sur du gros gibier, de la puissance de pénétration et des terribles effets de ces munitions.

Pour la chasse au rhinocéros et à l'éléphant, Cuningham reste très partisan de la balle entièrement blindée, car il la considère comme donnant un plus grand choc et ayant un pouvoir pénétrant plus certain sur un tel gibier.

Maintenant que nous avons envisagé les principales difficultés résultant de l'organisation d'un safari, voyons les lois qui protègent le gibier et les moyens fort intelligents qu'emploie le gouvernement anglais pour rendre effectifs les règlements qu'il a imposés dans le but, louable entre tous, de protéger les espèces rares ou en voie de disparition.

Par suite de la réputation croissante que le pays s'est acquise par ses nombreux avantages et ses ressources, le fait s'est produit qu'en très peu d'années, Nairobi est devenu un centre où règne une civilisation, qui, quoique récente, n'en est pas moins fortement établie.

Chaque année, un nombre considérable de visiteurs et principalement les amateurs d'aventures et de grandes chasses, s'y donnent rendez-vous, et par suite de cette grande affluence de chasseurs, l'administration de la colonie s'est vue obligée d'édicter des ordonnances spéciales et souvent revisées pour la protection du gibier.

Chaque province, chaque district, a sa réglementation particulière suivant l'abondance ou la pénurie de sa faune et les licences ne sont délivrées qu'en conséquence.

Ces ordonnances, sur les rapports des « Game rangers » (sortes d'inspecteurs qui visitent les districts), sont arrêtées par le gouverneur après avis et consentement du cabinet législatif.

Pour assurer une protection plus effective encore, le gouvernement anglais a eu la sage idée de délimiter d'immenses étendues de territoire scrupuleusement choisies, où la chasse est, sous des peines très sévères, rigoureusement interdite.

Dans ces vastes réserves, les animaux de toutes sortes vivent en toute tranquillité et peuvent s'y multiplier, sans qu'on ait à craindre de voir disparaître, dans un avenir prochain, certaines espèces recherchées, originaires de cette contrée.

Les licences ordinaires sont délivrées par un Provincial ou un district-commissionner, ou par tout autre service autorisé par le gouverneur.

Elles comprenaient, lors de mon expédition :

1° Les licences dites de Sportsman ou de chasseur proprement dit, dont le prix est de 750 roupies, environ 1 275 francs, et donne droit de capturer ou d'abattre les animaux suivants :

Buffle, 2; Rhinocéros, 1; Hippopotame, 2; Eland (Oreas canna), 1; Zèbre de Grévy, 2; Zèbre de Grant, 20; Oryx cœlotis, 2; Oryx Beisa, 4; Kob, 2; Kob à croissant (Kobus ellipsiprimmus), 2; Antilope de sable (Hippotragus niger), 1; Antilope Rouanne, 1; Grand Koudou, 1; Petit Koudou, 4; Topi (Damaliscus), 2; les mêmes dans les terres de Juba de la Tana et dans les plaines de Loïta (Sotik), 8; Bubale de Cook, 20; Bubale de Neumann, 2; Bubale de Jackson, 4; Antilope de Hunter, 6; Kob de Thomas, 4; Bongo, 2; Impalla, 4; Sitatunga, 2; Gazelle de Grant, 3 de chaque variété; Gnou, 3; Gazelle girafe (Lithocranius), 4. Plus 10 spécimens de chaque espèce des animaux qui ne sont pas mentionnés plus haut et qui comprennent les gazelles oribi, dick-dick, etc.

Cette même licence donne droit en Uganda à quatre éléphants et à un nombre indéterminé d'hippopotames.

2° Les licences pour les résidents dans le territoire, de 150 roupies, donnant les mêmes droits que les précédentes.

3° Les licences pour les settlers ou fermiers, qui sont de 45 roupies (pour chasser seulement sur leurs propres domaines).

4° Les licences dites pour voyageurs, qui sont de 15 roupies.

Les trois premières sont valables pour une année, la quatrième pour un mois seulement. Chacune de ces licences autorise la chasse ou la capture d'une certaine quantité d'animaux dont le nombre et les espèces sont déterminés par un état spécial.

Le chasseur, muni d'une licence ordinaire, ne peut chasser sur les terres particulières sans le consentement du propriétaire.

Enfin, les personnes désirant se livrer essentiellement à la petite chasse, telle qu'on la pratique en France pour le petit gibier à poil ou à plume, peuvent obtenir une licence au prix de 5 roupies, dont la validité est d'une année.

Il y a cependant des restrictions en ce qui concerne certaines espèces d'oiseaux tels que : Aigrettes, Marabouts et divers autres, dont la chasse n'est autorisée que par les grandes licences.

Malheureusement, vu la modicité du prix, grand nombre d'amateurs ne se font aucun scrupule de tirer avec ce permis les peu farouches gazelles qu'ils rencontrent. Mais heureusement le braconnage est puni avec plus de sévérité que chez nous.

Certains animaux, tels que l'éléphant, la girafe, le grand koudou femelle, le buffle femelle, l'antilope rouanne femelle, l'antilope de sable femelle (hippotragus niger), l'hippopotame dans certains lacs (constituant des réserves), toutes les espèces de vautours, hiboux, chouettes, l'aigle pêcheur et surtout l'autruche sont rigoureusement protégés.

La chasse de certains de ces animaux n'est permise que par licence spéciale, ou par autorisation s'il s'agit d'un but essentiellement scientifique.

Toutes les femelles de gros animaux, antilopes ou gazelles, quand elles sont accompagnées de leur petit, ne peuvent être tirées, sauf dans un but scientifique.

Le lion lui-même, qui était il y a peu de temps encore considéré comme un animal nuisible, vient de faire l'objet d'une ordonnance qui en réglemente la chasse. Chaque grande licence ne donne droit qu'à quatre de ces fauves. Cette détermination a été prise en raison du nombre considérable, tué en peu de temps, par des procédés nouveaux.

Un amateur américain avait en effet imaginé de se livrer à la poursuite des fauves avec des chiens spécialement dressés, et il réussit dans une seule année, avec une meute de soixante têtes, à abattre une centaine de lions. Joli record certes, mais un tel mode de chasse n'aurait pas tardé à faire disparaître ce gibier royal, dont la vraie chasse présente l'attrait le plus captivant et le plus passionnant; du reste l'inutilité du lion est loin d'être prouvée. Ce fauve détruit en effet dans son année un nombre considérable de zèbres, qu'il préfère entre tout, et d'antilopes communes qui sans cela se multiplieraient au point de dévaster complètement les plantations, qui de nos jours souffrent déjà suffisamment de ces animaux.

Les oiseaux aussi ont leur grande part de protection; marabouts et aigrettes surtout, dont la grande licence ne donne droit qu'à quatre spécimens de chaque espèce.

En Uganda, pays de protectorat, cette protection s'est étendue sur une grande quantité d'autres oiseaux, spécialement les hérons, dont la chasse est interdite sans autorisation préalable en vue d'un but scientifique. Aussi ces oiseaux y vivent-ils dans un état de demi-domesticité remarquable et se laissent-ils approcher sans la moindre méfiance.

Pour terminer, il serait bon d'ajouter que le gouvernement de cette colonie, vrai paradis des animaux, semble apporter un soin scrupuleux à l'observation des règlements. Comme il lui est matériellement impossible d'établir un contrôle sur les terrains de chasse, généralement très éloignés, il s'est assuré la collaboration des nègres, porteurs ou autres, qui suivent le safari. Moyennant quelques roupies, ces naturels ont la mission secrète d'épier les faits et gestes des chasseurs mal avisés et de les livrer au « Game ranger » qui ouvre aussitôt une enquête sérieuse contre les délinquants. Les Somalis, qui sont nombreux à Nairobi, et dont l'intelligence et la ruse sont notoires, s'acquittent fort bien de cette délicate mission.

Des faits de ce genre m'ont été rapportés concernant des chasseurs d'éléphants, qui, dépassant la mesure autorisée par leurs licences, se livraient à un véritable massacre et cachaient l'ivoire, qu'ils rapportaient en fraude longtemps après; quoique s'étant assurés, pour une forte somme, le silence de leurs collaborateurs, ces derniers, alléchés par une seconde récompense, n'hésitèrent pas à les livrer à l'autorité.

Le gouvernement a du reste un autre moyen de contrôle, presque aussi efficace, par la visite que la douane fait subir à tous colis sortant de la colonie. Je ne puis terminer ce chapitre sans donner aux débutants, dans la vie de la brousse africaine, le conseil de s'entendre à l'avance avec un chasseur européen habitant le pays, comme la Newland Tarlton et Compagnie ou la Boma Trading ont l'habitude d'en fournir.

Certes le traitement d'un de ces hommes est assez élevé, de 40 à 75 livres par mois, et à ce prix s'ajoute la fourniture de son matériel, sa nourriture et son cheval. Mais les services qu'il rend à la caravane les paient largement; grâce à lui on n'aura pas en route à s'occuper de l'organisation et de la discipline du safari, et l'on évitera ainsi de grandes pertes de temps au cours des étapes. De plus ce guide, connaissant, pour les avoir parcourues, les régions où il conduira sa troupe, ne risquera pas de l'entraîner loin des points d'eau indispensables et son expérience à la fin des journées de chasse lui permettra de surveiller la préparation parfaite des trophées, si difficile à obtenir des taxidermistes indigènes.

FIN

ITINÉRAIRES DE VOYAGES DE G.BABAULT EN AFRIQUE ORIENTALE ANGLAISE (1913)

35° (Est du Méridien de Greenwich)

LÉGENDE

- Campements.
- Sources permanentes.
- Sources peu riche en eau.
- Trous d'eau (seulement au temps des pluies)
- Eau non buvable.
- Gués. Ponts indigènes.
- Limites d'États. L. de Provinces.
- Limites de Districts.
- Limites des Réserves.
- 1. 2. Réserves Générales.
- 3. Réserve des Élans.
- 4. 5. Rés. des Élans et Rouannes mâles.
- 6.7.8. Réserves des Hippopotames.

UGANDA

Mt. ELGON

UASIN GISHU

BARINGO

NAIVASHA (DISTRICT)

RAVINE

N. KAVIRONDO (DISTRICT)

MALAKISI

MUMIAS

NANDI RESERVE

KAKAMWEGAS (KAKAMAGOES)

Pt. Victoria

KISUMU

KISUMU (DISTRICT)

UGANDA RAILWAY

Muhoroni

Londiani

Nakuru

PROVINCE

LUMBWA (DISTRICT)

NYANZA PROVINCE

S. KAVIRONDO (DISTRICT)

Sotik

SOTIK

KENIA PROVINCE

Naivasha

LOITA PLAINS

HOT SPRINGS

1er Voyage

MASAI RESERVE

Nairobi

GERMAN EAST AFRICA

UKAMBA PROVINCE

VICTORIA NYANZA

KAMPALA

ENTEBBE

JINJA

Port Florence

Karungu

Shirati

Bukoba

Mwansa

GERMAN EAST AFRICA

Echelle

0 5 10 15 20 25 50 75 K.

Ch. Guérin Del.

TABLE DES GRAVURES

L'auteur de ce livre chef de la mission. — Charles Albin, secrétaire de la Mission .... FRONTISPICE
Jean Déprimoz, premier préparateur. — François Déprimoz, chef taxidermiste .... FRONTISPICE
« Trolley » entre Kilindini et Mombasa. — Notre paquebot en rade de Kilindini. — Mombasa : une rue — Vasco de Gama Street 2
Wakikuyu à une station de l'Uganda Railway. — Chef Kikuyu en grand costume 4
Nairobi. — Devant le Norfolk : attelage d'hybrides d'âne et de zèbre. — Chariots indigènes. — La rue principale. — La gare 6
Femmes Wakikuyu à Nairobi. — Marché indigène 8
Nairobi. — Élevage de zèbres — Bazar indou 10
Saint-Austin's Mission près Nairobi. — Gazelle de Thomson 12
Mes porteurs avant leur équipement chez Tarlton. — Mon expédition attendant son embarquement pour la brousse 14
Cactus géant dans la vallée du Kédong. — Installation de notre premier camp. 16
Plaine de Siswa : mare bourbeuse dite « trou d'eau ». — Distribution d'eau aux porteurs 18
Un zèbre. — Dépeçage d'un zèbre 22
Bivouac dans la brousse. — Mon safari en marche vers l'Onjoro O'Nyoro 26
Un fétiche Massaï. Corne de Kudu recouverte de peau de lion 28
Troupeaux Massaïs 30
Femmes Massaïs. — Guerriers Massaïs 32
Passage de l'Onjoro O'Nyoro. — Campement de mes indigènes 36
Passage d'un gué. — Traversée difficile d'un cours d'eau 38
Gazelle de Thomson dans la brousse. — Campement dans le voisinage des Massaïs 44
Nos Boers immunisent leurs bœufs contre la peste bovine. — Campement à Salt Marsh 48
Phacochère abattu par Albin. — Campement au Guasso Nyiro 50
Impala. — Topi *(Damaliscus)* 56
Troupe d'autruches dans les plaines du Guasso Nyiro 66
Vers le Lemek. — Halte près d'une mare 70
Patrouille de Massaïs en guerre. — Notre caravane en marche dans la vallée du Lemek 72
Maniate abandonnée. — Ma tente au Lemek's Camp. — Forêts vierges dans la vallée du Lemek 74

Vue de la grande rivière Amala. — Notre guide Nandy. — Habitation d'un trafiquant anglais 78
Préparation d'un boma. — Ali et une de ses belles captures. — Notre boma sur les bords de l'Amala 80
Région forestière sur les bords de l'Amala. — La grande rivière Amala 84
Passage de gibier. — Sous-bois 86
Mon premier rhinocéros. — Dépeçage du rhino 88
Bords de l'Amala. — Étang traversé par mon hippo lors de sa poursuite 90
L'hippo enfin abattu est tiré à terre. — Une belle pièce 92
Pièges natifs. — Prise d'un serval. — Capture d'un rat géant 94
Amala. — Brousse dans la région de l'Amala. — Un coin de rivière en aval de notre dernier camp sur ce cours d'eau 96
Boma près du camp militaire. — Notre camp lors de l'attaque des lions 100
Élan abattu par Albin. — Un élan près de Salt Marsh. — J. Déprimoz confectionnant des cages pour des jeunes antilopes 108
Vers la Narossera. — Hot Spring 114
Notre camp sur les bords de la Narossera 118
Un gnou. — Gazelle de Grant 124
Chacal argenté. — Serval. — Prise d'une civette. — Capture d'un chacal 132
Mauvais passage. — Vers les montagnes du N'Gong 136
Extrémité des plaines de Loïta. — Vallée dans les réserves du Sud 140
Le ranch du marquis Horniold et du cap. Riddel. — Oryx abattu au Kédong 144
La caverne des lions 146
François Déprimoz et un des buffles abattus chez Booker. — Mon premier lion 150
Plantations sur les bords du Kédong 154
Retour à Nairobi. — Quelques-unes de nos captures — Turner s'occupant de l'empaquetage des spécimens 164
Notre plus jolie capture vivante : un élan. — Mme X... qui garda fort aimablement nos petits lions pris aux environs de Nairobi 168
Golfe Kavirondo. — Pirogue de guerre. — Notre voilier 176
Nyanza. — Pêcheuses Kavirondos. — La relève des filets 178
Nyanza. — Filets placés par les indigènes. — Groupe de Kavirondos 180
Lac Victoria. — Pirogue kavirondo. — La baie des hippopotames. — Dépeçage d'un crocodile. — Forêt de papyrus 182
Vue du port de Kisumu. — Un steamer sur le lac Victoria 186
Uganda. — Cours supérieur du Nil. — Les sources du Nil *(Rippon's falls)*. — Végétation sur les bords du fleuve 188
Uganda. — La voiture du roi. — Un mariage à Kampala 190
Uganda. — Types de Bagandas. — Une place à Kampala un jour de fête 192
Uganda. — Femme atteinte de la maladie du sommeil. — Le port de Jinja 194
Turner pendant ses chasses sur l'Elgon. — Grues kavirondos. — Serpentaire de la province du Nyanza 198

TABLE DES MATIÈRES

Pages.

PRÉFACE.... 1

CHAPITRE PREMIER

Départ de l'expédition. — Arrivée à Mombasa. — Première entrevue avec mon excellent collègue Cuningham. — L'Uganda Railway. Par train spécial de Mombasa à Nairobi. — En longeant les réserves du Sud. — Derniers préparatifs de la caravane dans la capitale du B. E. A. — Observations sur un Colius.. 1

CHAPITRE II

Départ pour la brousse. — Par chemin de fer à Kijabe. — Notre premier camp. — Première étape dans la vallée du Kédong. — A travers les plaines de Siswa. — Chasse aux zèbres. — Les premiers rhinocéros............ 11

CHAPITRE III

Vers le Sotik par « le pays de la soif ». — Marche de nuit, contact avec les tribus Massaïs. — Sur les bords de l'Onjoro O'Nyoro. — Nous bivouaquons sous un arbre. — Dans la nuit le lion se fait entendre. — Passage difficile d'un cours d'eau. — Campement sur les bords de la « Rivière Noire ».... 23

CHAPITRE IV

Au Guasso Nyiro. — Les phacochères. — Chasse aux antilopes. — Perdus en forêt. — Les bœufs de nos chariots sont atteints par le « Rinderpest ». — Salt-Marsh. — Une punition terrible, le « kiboko ». — Poursuite d'une harde de « gnous ». — Deux autruches bien gênantes. — Chasse à la girafe. — Un Boer nous conte des histoires de lions................ 45

CHAPITRE V

En route pour le Lemek. — Rencontre de Massaïs en guerre. — La maniate abandonnée. — Nous campons près du bivouac d'une troupe anglaise

Pages.

envoyée pour imposer la paix aux tribus belligérantes. — Un commerçant européen en pleine brousse........ 69

CHAPITRE VI

La grande rivière « Amala » — Chasse aux fauves au « boma » — Nous abattons un léopard. — Turner et les cynocéphales. — Apparition de la tsé-tsé. — Chasse imprévue d'un rhinocéros. — Poursuite de « Kobs ». — A la recherche des hippopotames. — Un pachyderme qui nous entraîne en pleine forêt........ 77

CHAPITRE VII

En route vers Narossera. — Poursuite infructueuse de deux lions. — Albin s'égare en recherchant les fauves. — Notre camp est attaqué la nuit par plusieurs lions. — Nouvel arrêt au Lemek pour atteindre Salt-Marsh. — Nous surprenons deux rhinocéros. — Chasses fructueuses aux élans...... 95

CHAPITRE VIII

Hot-Spring. — Une hyène qui nous donne des émotions. — Capture d'un guépard vivant. — Une épidémie menace la caravane. — Arrivée sur les bords de la Narossera. — Organisation d'un safari volant pour le Guasso Nyiro. — Un achat de moutons qui manque de tourner mal. — Chasse aux buffles. — Retour au camp de Narossera. — Pendant notre absence la maladie a fait des victimes. — Prise au piège de guépards et d'une hyène. 113

CHAPITRE IX

Sur la route du retour. — Préparatifs de départ à travers les massifs des réserves Massaïs. — Une contrée terrible. — Le manque d'eau. — Marches forcées de jour et de nuit pour atteindre la chaîne du N'Gong. — Retour à Nairobi........ 135

CHAPITRE X

Séjour au Kédong. — La vie dans un ranch anglais. — J'abats mon premier lion. — Chasse à l'oryx. — Jean se distingue en explorant l'extrémité de la vallée. — Chez un Boer. — Nous sommes chargés par un troupeau de buffles. — Un joli tableau de chasse. — Poursuivis par un « cobra ». — Rentrée à Nairobi........ 143

CHAPITRE XI

Expédition au golfe Kavirondo. — De Nairobi à Kisumu. — Le grand lac Victoria. — Nous frétons un voilier. — Chasses diverses. — Retour noc-

Pages.

turne en pirogue. — Le pays des aigrettes, des crocodiles et des hippopotames. — Nous manquons de faire naufrage. — Rentrée à Port-Florence. — Un beau coup de fusil 167

CHAPITRE XII

Un tour en Uganda. — Sur le *Winifried*. — L'œuvre de nos missionnaires. — Arrivée à Jinja. — Les sources du Nil. — Kampala. — Trente-deux milles en rikshaw. — Entebbe. — Retour à Kisumu. — Départ de Turner pour le mont Elgon. — Fin de mon séjour en B. E. A. 185

NOTES SUR L'ORGANISATION D'UN SAFARI 197

TABLE DES MATIÈRES 209

PARIS

TYPOGRAPHIE PLON-NOURRIT ET Cie

8, rue Garancière — 6e

www.ingramcontent.com/pod-product-compliance
Ingram Content Group UK Ltd.
Pitfield, Milton Keynes, MK11 3LW, UK
UKHW012010240726
13965UKWH00001B/287

9 782013 477024